○里应该填入哪个数字?

99　45　39　36　28　21

72　27　18　21　○　13　7

○ = ?

（提示：不是 15）

不可思议的数学世界

[日]蟹江幸博　著　冯博　译

中国纺织出版社有限公司

原文书名：なぜか惹かれるふしぎな数学
原作者名：蟹江　幸博
NAZEKA HIKARERU FUSHIGINA SUGAKU by Yukihiro Kanie

Original Japanese edition published by JITSUMUKYOIKU-SHUPPAN Co.,Ltd.

This Simplified Chinese edition published by arrangement with JITSUMUKYOIKU-SHUPPAN Co.,Ltd., Tokyo, through HonnoKizuna, Inc., Tokyo, and
Shinwon Agency Co. Beijing Representative Office, Beijing
著作权合同登记号：图字：01-2021-5027

图书在版编目（CIP）数据

不可思议的数学世界／（日）蟹江幸博著；冯博译. --北京：中国纺织出版社有限公司，2022.1
ISBN 978-7-5180-8775-4

Ⅰ. ①不… Ⅱ. ①蟹… ②冯… Ⅲ. ①数学—青少年读物 Ⅳ. ①01-49

中国版本图书馆CIP数据核字（2021）第162793号

责任编辑：邢雅鑫　　责任校对：高　涵　　责任印制：储志伟

中国纺织出版社有限公司出版发行
地址：北京市朝阳区百子湾东里A407号楼　邮政编码：100124
销售电话：010—67004422　传真：010—87155801
http://www.c-textilep.com
中国纺织出版社天猫旗舰店
官方微博http://weibo.com/2119887771
天津千鹤文化传播有限公司印刷　各地新华书店经销
2022年1月第1版第1次印刷
开本：880×1230　1/32　印张：7.5
字数：105千字　定价：42.00元

凡购本书，如有缺页、倒页、脱页，由本社图书营销中心调换

在这个世上有很多人虽然不擅长解决微积分问题，但是却很喜欢数学，我们称之为“隐藏的数学爱好者”，这样的人其实有很多。其他也有比如“小学时代非常喜欢算数”“中学时代的几何学，只要找到一条辅助线，就可以把题解开”这样的人存在。本书就是为这些隐藏的数学爱好者所著的一本将数学变得愉悦的书。其中的内容有：1000 日元到底去哪儿了、中奖的概率会在中途发生变化、自己推导圆周率的方法、蜘蛛捕捉蚊子时动的脑筋等，每一个话题都意味深长。

可能您对其中的部分内容也有所了解，但是这本书一定能够再加深您对这些内容的兴趣。例如，喜欢数学的人可能会条件反射似的回答道：“丢番图[1]的墓志铭，使用方程式很轻松就能够解开呀。”但是，当时的人们可不像现在这样会使用方程式来解答问题。即使是对于人称代数之父的丢番图来说，其墓志铭在当时也毫无疑问是一个大难题。那么如果您也和当时

[1] 丢番图，古希腊的数学家丢番图，代数学创始人之一。

人们的思考方式一样的话，又会如何来解答这个难题呢？

同样的，高斯的“1~100 的加法”问题也很有名，如果仅仅是用数列来解答这个问题的话，那么在高斯之前人们就已经知道方法了。而最终高斯和这个问题一起被人们神化，其实是因为背后还有一层隐藏的意思。如此这般，这本书的内涵不仅是“那个东西我听说过了”，而是讲述了一些更深层次的东西。

此外，还有阿里巴巴从四十大盗的洞窟里侥幸脱险时置之死地而后生的智慧、在迦太基建国神话中被承诺“只给予一张牛皮包起来的土地”而最终获得了整个半岛等事情，即使是身为数学爱好者，有很多事情应该也是第一次听说吧。

随着对本书的深入阅读，当遇到“嗯？这也太不可思议了吧”“这要怎么办？完全没头绪”这种情况时，就需要大家发动自己的奇思妙想、推理、理论和运用视角转换法等能力了。比起解决微积分问题，这种数学的思考方法，也就是数学感才更加重要吧！请大家一定要一边享受一边阅读。

蟹江幸博

2014 年 1 月

目录

第 1 章

使用推理能力就可以得出“解”吗

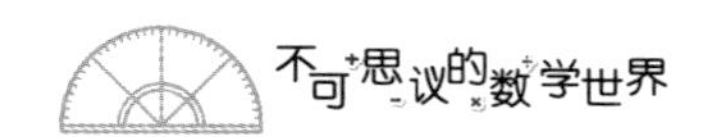

01 “1000 日元”消失的奇怪之处

◆本应该是很简单的计算……

这是一件有些不可思议的事情：本来应该是很简单的计算，但是却怎么也算不对……越想越不明白。

有 3 位男性在 15000 日元一晚的酒店同住了一晚。由于酒店人员爆满，所以不得已让他们三人共住一个房间。作为回报，第二天退房的时候，酒店决定给他们优惠 5000 日元。由于 3 个人分 5000 日元不好分，所以他们每人各自拿了 1000 日元，剩下的 2000 日元作为小费给了服务周到的侍者。

随后，有一个人突然说道：“好像有点不对吧？”然后让大家都拿出那 1000 日元：如果大家都是 4000 日元住一晚，那么 3 人份的金额应该是 12000 日元。再加上给侍者的小费 2000 日元，那么总额应该是 14000 日元才对。

而一开始大家是每人 5000 日元，也就是 3 人一共支付了 15000 日元。这样一来，难道不是有 1000 日元消失不见了吗？但是到底去哪儿了呢？

类似于这样的故事，各个国家都流传着不同的版本。

◆到底是哪儿不对

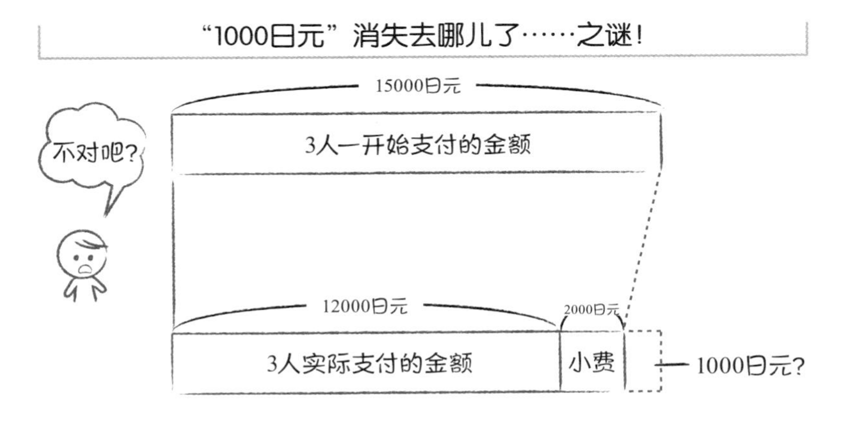

明明谁也没有做任何手脚，但是这 1000 日元确实是消失了……如上图所示，3 个人一开始支付的金额确实是每人 5000 日元，总计 15000 日元。每个人被返还 1000 日元后，此时的支付金额为 12000 日元。随后给了侍者 2000 日元小费，所以总计只有 14000 日元。

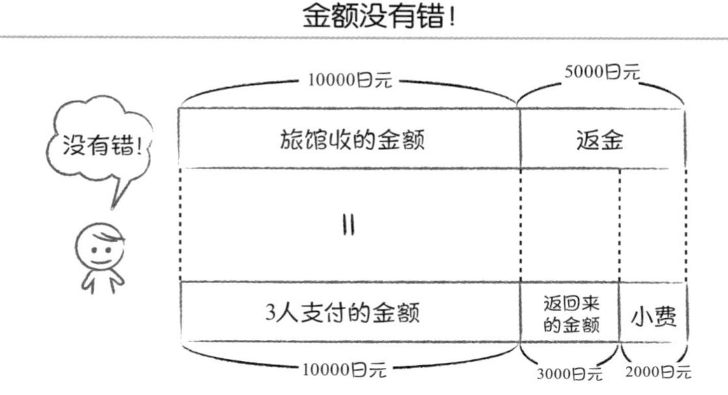

◆果然还是有哪儿不对

那么，大家有没有想明白，到底是哪儿出了问题呢？仅仅空想很容易出错，所以我们不妨在纸上写一写这钱到底去哪儿了。

“15000 日元”——这是客人最初支付给旅馆的金额。

“10000 日元”——这是旅馆从客人手中收到的金额。虽然最初收了 15000 日元，但是因为随后返还了 5000 日元，所以旅馆的最终收入是 10000 日元。

“2000 日元”——这是从旅馆返还给客人的 5000 日元当中支付给侍者小费的金额。

所以说，并不是 12000 日元加上 2000 日元，而是必须从 5000 日元当中减去 2000 日元。而从 12000 日元中减去小费的 2000 日元后剩的“10000 日元”，正好就是旅馆从客人手中收到的金额。

如果一定想加上这 2000 日元的话，那就也一定要计算客人从旅馆收到返还的 5000 日元。因为客人实际接收的金额是 1 人 1000 日元，再加上给侍者的 2000 日元小费，得到的就是 5000 日元了。

◆ 以资产负债表的形式来看

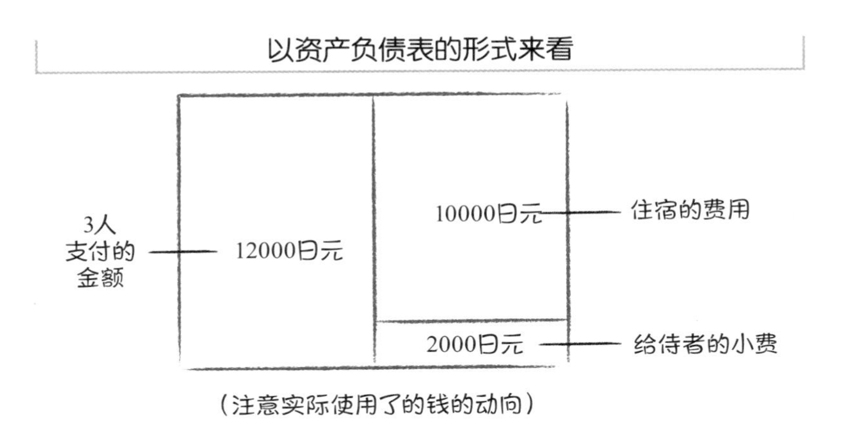

如果开始的两幅图比较难懂，那么不妨参照上图资产负债表的形式。如果我们忽视“返还”等中途的过程，那么最终3人支付的总金额为12000日元，这样应该可以理解吧。这个12000日元则为所有的支出源泉，其中10000日元被用作住宿费，2000日元被用作侍者的小费。如果使用这种方法来思考的话，肯定就会觉得旅馆的这个故事“没什么大不了的”吧。

类似的问题还有很多。如3个人一起去人均花费10000日元的餐馆吃饭，餐馆老板提出“由于餐馆方面上错了菜，作为补偿给客人优惠5000日元”，店员觉得“反正这钱3个人也没办法均分”，于是就给客人3000日元（平均每人1000日元），将剩下的2000日元装进自己的口袋。

这种情况也是，平均每人的花费变成了9000日元，合计27000日元。即使加上店员装进自己口袋的2000日元也只有29000日元，所以有人就问：“那1000日元去哪儿了呢？”其实问题的关键是一样的。

餐馆实际上仅收到了25000日元，所以加上返还给客人的3000日元和店员私吞的2000日元，一共为30000日元，这样计算才对。

02 推测鱼的数量

◆抽样调查的神奇之处

想要调查日本 1.2 亿国民的行为和性格等是一件几乎不可能的事情，不但费时而且费钱，所以我们通常采用抽样调查的方法：随机抽取 10000 人左右（实际数量可能会更少），通过调查他们来推测全体。如果能够巧妙地利用这种方法，那么对于一些全体调查很困难的事情，就可以简单地通过抽样调查来推定完成了。了解了上述背景以后，我们再来看看接下来的问题吧。

现计划调查 A 县某湖中鱼的数量。由于湖的面积很大，所以想要一一数清鱼的数量几乎是不可能的。此时，我们从湖中打捞 300 条鱼作为样本，那么请问应当如何推测湖内所有鱼的数量呢？

湖中到底有几条鱼?

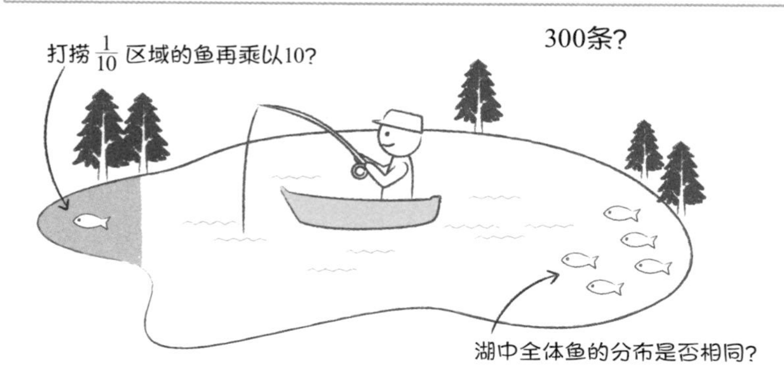

想要完全分毫不差地调查出湖里或者江里鱼的数量，森林里鸟或者昆虫的数量几乎是不可能的事情。通常，我们只需要“知道一个大概的数就可以了”，所以说“从湖中抽取样本来推定全体”这种方法是最适合的。

如果有办法打捞想要调查的湖中 $\frac{1}{10}$ 区域的鱼，那么将捕获的数量乘以 10 这种推定方法是否可行呢?

此处有一个问题就是，谁也无法确定打捞的 $\frac{1}{10}$ 区域中鱼的分布和湖中全体鱼的分布是否相同。其次，在实际操作上，可能连打捞一定区域内所有数量的鱼这件事也并非轻易就能够办到，更何况鱼儿还会到处游动。

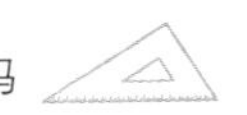

◆分成 2 个阶段来求“记号鱼”的比例

在这种情况下我们可以使用分成2个阶段采取样本的方法。首先，我们先无差别地从湖中打捞鱼（根据题目内容，数量是 300 条）。

此阶段还无法推定湖中全体鱼的数量。我们给打捞上来的 300 条鱼做上记号（记号必须不能影响鱼的活动情况），再将鱼放回湖中。

过一会儿，等鱼在湖中扩散开后，我们再进行第 2 次样本采取。此时假设打捞上来的 200 条鱼当中有 32 条鱼的身上有记号，那么我们就可以得出，湖中全体鱼的数量：第 1 次的样本采取数量 = 第 2 次打捞的总数量：有记号的数量，从而就可以推定湖中全体鱼的数量了。

$x : 300 = 200 : 32$

$$300\times\frac{200}{32}=1875$$

由此可推定出湖中一共有 1875 条。如果有记号的鱼数量为 30 条，那么总数量则大约为 2000 条；如果打捞出 35 条，总数量则大约为 1714 条，所以可以推定出湖中鱼的数量大约为 1700~2000 条。

03 阿里巴巴能从洞窟中成功逃脱吗

◆打开洞窟大门的秘密

虽说苏联的社会中有着各种各样的问题，但是政府在教育方面让人感觉的确做了非常大的努力。其中在列宁格勒（今圣彼得堡）就曾有一个数学俱乐部，专门花钱雇佣现任的老师们来当导师，上一些课程来培养上大学前的年轻人养成广泛的数学性思考的方法。有人将里面的所有问题汇集成了一本书（名字叫作《数学广场》），在这里就为大家介绍其中一个被简化过的问题吧。

阿里巴巴趁着盗贼们不注意躲进了瓮中，跟着他们一起进入了洞窟。等到盗贼们离开以后，阿里巴巴就从瓮中跑出来了。

他突然想起盗贼在洞窟的入口好像是用桶来操作大门的开关。在洞窟内侧也有一个同样的桶，桶上有 4 个孔，每个孔中都有 1 个鲱鱼形状的雕刻物。有的头朝上，有的头朝下，但是

需要使桶上4个孔的孔内朝向保持“上下”一致

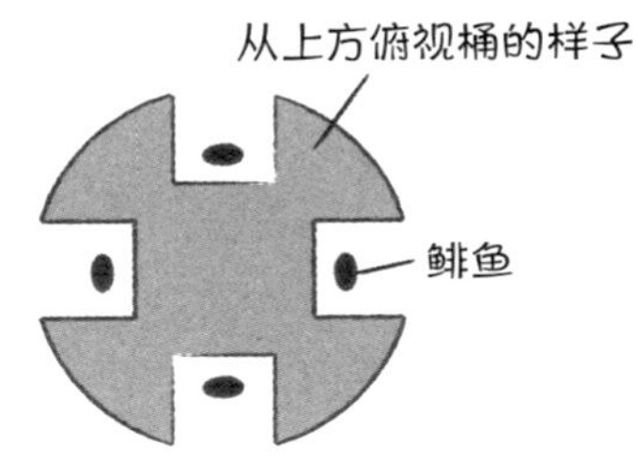

①同时将手放入 2 个孔中即可改变鲱鱼的上下朝向

②随后桶会高速旋转

4 个孔中都有鲱鱼形状的雕刻物，有的头朝上，有的头朝下。但是由于光线太暗，所以无法看清到底是朝上还是朝下，必须用手触摸之后才能分辨。

如果你操作次数达到 6 次，我就吃了你。

由于洞内光线太暗看不清楚。

此时阿里巴巴想起了刚才盗贼跟同伴说的话。

“无论是向上还是向下，只要4个孔中鲱鱼的朝向全部一致，就可以打开大门。首先，将双手同时放入2个孔中确认鲱鱼的朝向并调整至同一朝向。完成这个操作以后，桶会自动高速旋转再停止，所以就会搞不清楚自己刚才调整的是哪两个孔。虽然只要一直重复这个操作，最终4个孔的朝向肯定会一致，但是一旦操作次数达到6次，在一旁看守的龙就会出来把你吃掉。所以说，无论如何也要在5次以内完成这个操作，这可是事关自己小命的事。”

——如此一来，阿里巴巴想要从洞窟中逃出来，应该要怎么办呢？

◆来想一下打开大门的方法吧

因为要大概说明一下情况，所以问题的题干比较长。只要每次双手伸进去把鲱鱼的朝向调整为向上，那么用不了多久，鲱鱼就会全部朝上（或者是朝下），因此才会有次数的限制。所以说也没必要去纠结“操作次数达到6次，就有龙出来”这样奇怪的设定。

我们需要做的就是“排除偶然因素，找出 5 次以内打开大门的方法”。

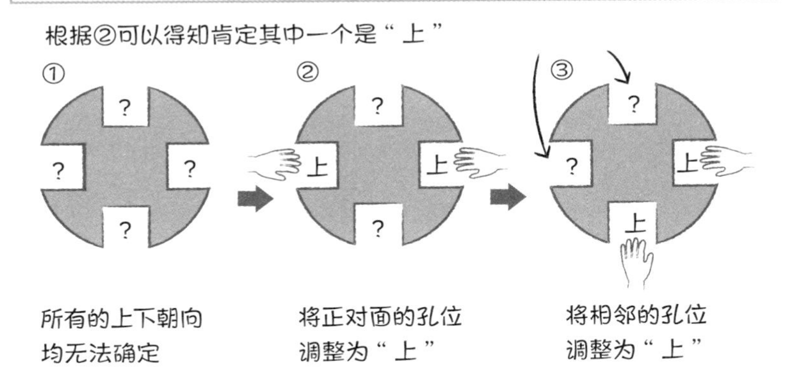

第 1 次——现在是处于完全不知道 4 个孔的上下朝向的状态（图①），所以我们先暂且将 3 个孔位的朝向一致作为中间目标。之后的方法随后再考虑吧。

那么，首先我们将双手放进“正对面的孔位”，如果孔内“朝向相反”，那么我们就将朝下的鲱鱼调整为朝上（图②）。如果剩下 2 个孔位的朝向也刚好是朝上的话，那么仅需这 1 次操作就可以把大门打开了，但是肯定不可能每次运气都这么好。

如果双手伸进去的孔内的鲱鱼是“相同朝向”，那么就说明另外 1 个或者 2 个空位有可能是相反朝向，所以我们试着就将双手孔内的朝向全部变为相反方向。此时如果运气好，另外

2 个孔位是相同朝向的话，大门就可以打开了。

如果门还是不开，那就说明刚才另外 2 个孔内的情况是 1 个朝上，1 个朝下。换句话说，我们早早地就达成了“3 个孔位的朝向一致”这个中间目标。这样就可以省略 1 个步骤直接到达图④的状态了。

第 2 次——如果第 1 次操作为“朝向相反→将朝向调整为朝上的情况”，那么接下来要怎么做呢？桶高速旋转以后，再次将手伸进孔内。此时如果再次将手伸进“正对面的孔位”，那么有可能会碰到和上次相同的位置。因此，我们试着将手伸进“相邻的孔位”，这样做肯定可以触碰到 1 个和上次不同的孔位。

此时肯定有 1 个孔位是“朝上”的，如果有“朝下”的孔位，那么就将“朝下→朝上”（图③）。如果 2 个孔位都是朝上，那么就什么也不用做。这样就成功地到达了最少有 3 个孔位“朝上”的状态（图④）。

需要鼓起勇气将之前的努力全都丢弃

虽说现在有 3 个孔位都是朝上，但是其实接下来的步骤就很困难了。可以选择的方法有将手伸进“正对面的孔位”和将

手伸进“相邻的孔位”两种，但是却无法得知何时能够碰到第 4 个（朝下的）孔位。如果运气不好的话，5 次以内是没办法完成的。

我们需要考虑的是当手伸进孔内确认朝向以后，需要将其调整成什么状态，才能够将孔内的所有朝向都变得一致。

这时我们不妨用逆向思维来思考一下：到目前为止想的都是将孔内方向调整为“朝上”，但是想要打开大门只需要“所有朝向一致”就行，也就是说其实全部朝下也没有关系。如果能够想到这一点，那么我们就可以认识到，最后只需要将“正对面的孔位”的朝向调整为一致就可以了。

要怎样才能够将“所有朝向”都统一呢？

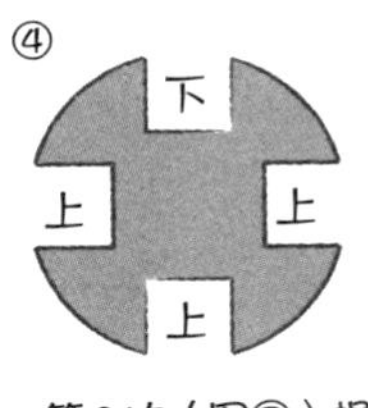

第 2 次（图③）操作完成后的状态

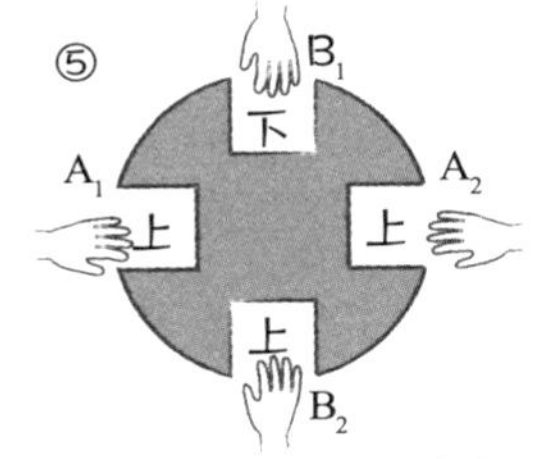

将手伸进正对面的孔位

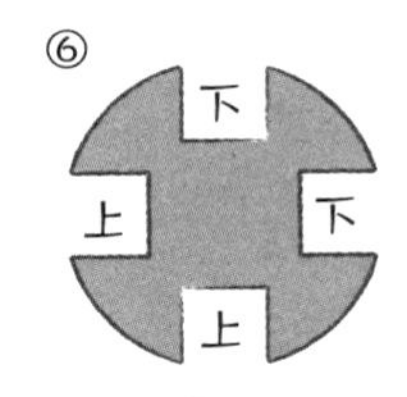

做完图⑤A 的操作之后的完成状态

A_1 和 A_2 个孔位都朝“上”时，将其中一个调整为朝“下”→变为图⑥

B_1 和 B_2 分别为“上和下”时，将 B_1 调整为朝“上”，则均变为朝“上”→成功

第 3 次——从图④的状态开始，将手伸进“正对面的孔位”，

如果 2 个孔位的朝向都是朝上（图⑤的 A_1 和 A_2），那么就将其中的一个调整为朝下（随便哪个都可以）。此时无论是将哪个调整为朝下，最终得到的都是图⑥的结果（位置关系有可能会不同）。

而如果一开始有一个孔位是朝“下”的话，那么恭喜你，只需要将“下→上”，就可以使 4 个孔位都是朝“上”，最终成功出逃了。

第 4 次——从图⑥的状态开始，将手伸进“相邻的孔位”，情况则如图⑦或图⑦’。

成功出逃！

⑦

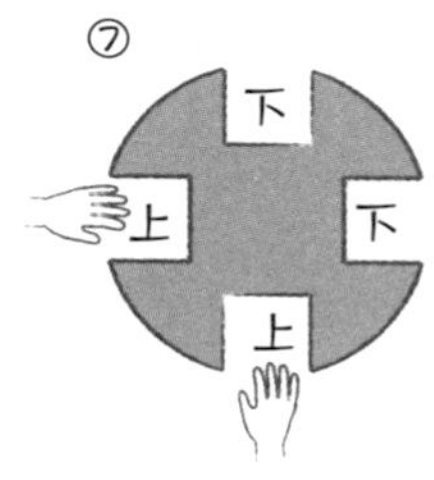

从图⑥的状态开始，将手伸进相邻的孔位
“上上”→“下下”
“下下”→“上上”

⑦´

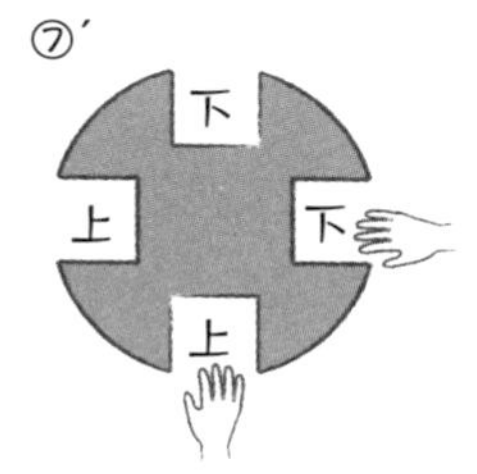

从图⑥的状态开始，将手伸进相邻的孔位时，
“上下”→“下上”
（“下上”则调整为“上下”）

⑧

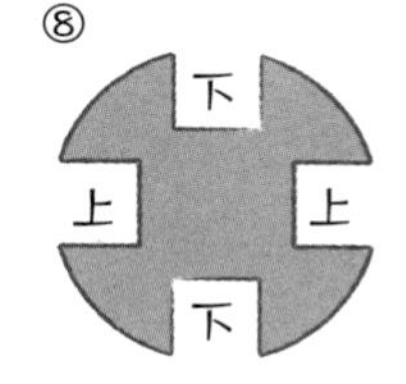

图⑦´操作完成后的状态。此时正对面的孔位的状态，肯定是“上上”或者“下下”。所以只需将“上上”→“下下”，或者“下下”→“上上”就可完成

此时情况如同图⑦所示，如果手碰到的是“上上”或者“下下”的情况，那么只需要将这两个孔位的朝向全都变为相反朝向，

就可以得到“上上上上”或者“下下下下”来打开大门。

如果运气不好，手碰到的是图⑦’，也就是“上下”的情况，那么只需将两个孔位的朝向全都变为相反朝向（“上”→“下”，“下”→“上”），就可以得到图⑧所示的“正对面的孔位”朝向必定相同的状态。

第 5 次——再次逆转其朝向，将手伸进“正对面的孔位”，如果是“上上”朝向，则调整为“下下”朝向，反之如果是“下下”朝向，则调整为“上上”朝向即可。如此一来就万幸可以不被龙给吃掉而逃出洞窟了。对了，顺便再带走一些宝物吧……

这个问题的难点在于第 3 次操作时来自内心的抵抗情绪。此前的准备工作使得“4 个孔位其中 3 个都朝上”了，随后的“上→下”操作看上去使人觉得好像离终点更远了。但其实想要解开这个问题，欲速则不达。

当时让大学生们试着解答这个问题的时候，学生们的口里蹦出来各种各样不同的意见：“鲱鱼是活着的还是仿造品？”“只需要有 2 个人同时把手伸进 4 个孔位中全部调整为上（或者下）不就解决了吗”“为什么是鲱鱼？”……“同时伸进 2 个孔位”是规则，所以不能破坏。在苏联，鲱鱼是最具代表性的鱼类，所以就仅把它当作一个例子来使用而已。理所当然应该是雕刻的鲱鱼。

最终只是为了表示“上或者下”“0 或者 1”全都被统一这件事，如果被问题题干里的这些部分迷惑的话，只会使本就烦琐的问题变得更加晦涩难解。

04 沙漠住民的遗产分割法

◆咦，无法按照遗言来分配遗产？

沙漠住民贝多因人的自尊极强，无论是集体还是个人，都经常在无法耕作的地方放牧或交易羊和骆驼。他们总是随身携带着所有的财产四处迁移，并常年居住在帐篷中。而身份地位较高的人们往往更喜欢骆驼。

从前一个膝下有 3 个孩子的人在去世之前，决定将自己的遗产分给大儿子 $\frac{1}{2}$，二儿子 $\frac{1}{3}$，小儿子 $\frac{1}{8}$。这样划分的原因是结合了儿子们以往对家庭的贡献，并且考虑到今后小儿子还需要大儿子来照看等因素。所以说没有人心生不满，一直到分骆驼前，遗产分配得都很顺利。但是就在这时，问题突然来了：当时骆驼只有 23 头，所以只能将按比例分后多余的骆驼杀了，然后 3 人分肉，但是比起死去的骆驼，明显活着的骆驼会更有价值，所以大家都犯愁了。

此时正好有一位智者来参加他们父亲的葬礼，兄弟三人就向他请教。请教的结果是：智者借给兄弟三人 1 头骆驼，并说道："加上这 1 头一共就有 24 头了，你们再试着分一次吧。"

随后大儿子就取了 24 头的 $\frac{1}{2}$ 也就是 12 头，二儿子取了 $\frac{1}{3}$ 的 8 头，小儿子取了 $\frac{1}{8}$ 的 3 头。$12+8+3=23$ 头，所以最终他们不但成功地把智者的骆驼还给了他，还从其他的遗产中取出一部分来感谢智者给他们出的办法。

虽然最终这件事情是圆满解决了，但是为什么会有这样不可思议的事情发生呢？

分数的计算 = 阿拉伯人的智慧

在想这件事情以前，让我们再来看看另一件纠纷吧。一个拥有 35 头骆驼的父亲去世以后，关于骆驼的分配，3 个儿子里的大儿子和二儿子各自同意分别取 $\frac{1}{2}$ 和 $\frac{1}{3}$。而由于小儿子还很年轻，并且跟兄弟之间的关系也不是很好，所以仅分到了 $\frac{1}{9}$。于是，小儿子就去找远近闻名的智者阿里巴巴商量此事。阿里巴巴由于同情小儿子就帮他想了个法子，牵着一头骆驼就去了他家。

随后他给了大儿子 36 头的一半 18 头，二儿子 12 头，三儿子 4 头。因为各自得到的头数都比 35 头的 $\frac{1}{2}$、$\frac{1}{3}$、$\frac{1}{9}$ 要多，所以大家都各自心满意足了。最后阿里巴巴就牵着 2 头骆驼回家了。其中 1 头是原本自己牵来的那头，另外 1 头则是以他收为养子的小儿子的养育费为名目收入囊中。而一直觉得小儿子很麻烦的大儿子和二儿子也觉得这么处理没有问题。

第 1 个例子中，加上 1 头重新分配后，最终剩余 1 头被返还了。而第 2 个例子中，加上 1 头重新分配后，最终却剩余 2 头，阿里巴巴居然还多赚了 1 头。为什么会出现这种情况呢？其实我们把分配率换成分数一加就可得知——

$$\frac{1}{2}+\frac{1}{3}+\frac{1}{8}=\frac{23}{24}$$

$$\frac{1}{2}+\frac{1}{3}+\frac{1}{9}=\frac{17}{18}=\frac{34}{36}$$

据说能够掌握分数的计算，就是阿拉伯的智者们有过之而无不及的智慧所在。

◆最大的原因是分数计算未被众人所熟知吗

类似这种宣扬阿拉伯人智慧的故事诞生的时候，分数的计算还未被普及。很多人还不会使用传统的单位分数（参照第 66 页）来进行计算，所以也有可能是不知道“总和不为 1”这件事，或者是因为有支付遗产分配的其他经费的习惯，所以故意将分配率的和设定得比 1 稍微小了一些。如果说掌握了无法分配（不分配部分）比率就是单位分数（$\frac{1}{x}$）的计算的话，那么说这种智慧故事是人为刻意制造的也不为过了。

第 1 个例子的不分配率是 $\frac{1}{24}$，遗产的头数是 23 头，所以先加上 1 头来使计算能够成立，之后又能够减去 1 头。

第 2 个例子的不分配率是 $\frac{1}{18}$。如果此时遗产的头数是 17（=18−1）头的话，那么同样的就可以加 1 头计算之后再减去 1 头；但是由于遗产是 35（= 2 × 18−1）头，所以加了 1 头来使所有人分配的数量为整数以后，无法分配的就剩下了 2 头，所以第 2 个例子最终可以减去 2 头。

当然也有可能阿拉伯人的智慧故事一开始就是从失败论中诞生的。因为实际上经常出现的问题的分配率组合是 $\frac{1}{2}$、$\frac{1}{4}$、$\frac{1}{6}$，遗产头数为 11 头。

$$\frac{1}{2}+\frac{1}{4}+\frac{1}{6}=\frac{11}{12}$$

此处的不分配率为 $\frac{1}{12}$，如果是 12 头的话，那么最终就剩下 1 头，就和第 1 个例子是完全一样的问题了。当然也有可

能原本的财产就是 12 头，分配率分别为 $\frac{1}{2}$、$\frac{1}{4}$、$\frac{1}{6}$。如果是这样，那么只需要分别分配 6 头、3 头、2 头，也就什么问题都没有了。

但是，由于某些原因，遗产的总数少了 1 头，那么也可以考虑将原本可以分得 4 头的人变为分给他 3 头。此时，3=12 ÷ 4，所以可能也有人会误解成只要将分配率由 $\frac{1}{3}$ 变为 $\frac{1}{4}$ 就可以正确分配了吧。

问题

有一个父亲突然去世了，他留下了 121 只羊作为遗产。遗产的分配比率是大儿子、二儿子、小儿子分别为 $\frac{1}{2}$、$\frac{1}{4}$、$\frac{1}{6}$。请问需要如何分配呢？

分配率的组合是 $\frac{1}{2}$、$\frac{1}{4}$、$\frac{1}{6}$，如果是 11 只的话，就和刚才那个问题是同一个问题了，但是现在是 121 只，所以我们不妨试着将 $\frac{11}{12}$ 的分母和分子放大，于是就变成了：

$$\frac{1}{2}+\frac{1}{4}+\frac{1}{6}=\frac{6}{12}+\frac{3}{12}+\frac{2}{12}=\frac{11}{12}=\frac{121}{132}$$

所以说，一开始需要准备 132 只羊来分配，就可以得出 132-121=11 只。这样大儿子、二儿子、小儿子的分配只数就分别是：

$$\frac{1}{2}+\frac{1}{4}+\frac{1}{6}=\frac{66}{132}+\frac{33}{132}+\frac{22}{132}=\frac{121}{132}$$

由此得出大儿子 66 只、二儿子 33 只、小儿子 22 只，总计 121 只，完美地将遗产分配完了。但是这种情况需要去借 11 只羊，这也并不是一件简单的事情，所以兄弟三人就思考出了只要 1 只羊就能解决的办法。

刚好此时牵着 1 只羊的叔叔来到了他们家，他同意将羊借给兄弟 3 人并说道："借给你们之前，我先向你们借 1 只。"于是遗产总数就变成了 120 只，变得容易分配了。只需将其分成 60 只、30 只、20 只，就剩下 10 只了。随后叔叔就将手头有的 2 只羊借给他们变成了 12 只，再将这 12 只分配为 6 只、3 只和 2 只。6+3+2=11，所以剩余"1 只"，叔叔就带着这只他一开始牵来的羊回家去了。而 3 个儿子最终的遗产分配情况分别是 66 只、33 只和 22 只，和刚才的结果是一样的。

05 通过数“剩下的稻草绳”来得知树木的数量

正确地调查数量?

在丰臣秀吉[1]效力于织田家不久后，曾有一段时间担当的职务就相当于如今公司里的总务或者是会计那类。当时他使用的还是藤吉郎这个名字，而他也早早地就于三日建成石垣城和冬天暖房费（木炭的使用量）的节俭等事务中以足智多谋的形象崭露头角，并时常为山林奉行[2]和薪炭奉行出谋划策。据说每年都会有专门的人员来告诉大家“今年需要把这座山的这个范围里的树木烧成炭来进贡。因为树木有 × 棵，所以进贡的木炭是 × 捆，也就是多少多少钱”，然后以此形式来征税。而如果一次性进贡太多，木炭也会因为没有放置的地方而困扰，所

[1] 丰臣秀吉，日本战国时代政治家、军事家。

[2] 奉行，日本存在于平安时代至江户时代期间的一种官职，镰仓幕府成立以后从担任司掌宫廷仪式的临时职役逐渐成为掌理政务的常设职位。

以实际上每次都是使用了一些之后再根据需求来继续进贡。因而可能一开始需要大概算一下进贡的总费用。

照往常的惯例，不是去一棵一棵地数树木的数量，而是以专门人员报的数字为准再去山里视察树木的情况，如此一来，山林奉行也可以多少收取一点贿赂。专门人员也可以省去数树的麻烦——长年的经验使他们看一眼就大概能够知道树木的数量。剩下的就是报数的时候适当地掺点水分。

如果报的数量太少了，自己就亏了，毕竟可以从一棵树上获取的木炭的数量是有限的。但是一般来说，专门人员根据自己的经验都大概知道树木的平均出炭率是多少，所以即使虚报一点点也不会有人真的去刨根问底。

然而，这个叫作藤吉郎的青年却坚持要将山上树木的数量全部实际数一遍。他首先把手下的几个人和住在山附近的村民们聚集起来，告诉大家他想要弄清楚山上到底有多少树木。

大家猜猜看，这个藤吉郎最后到底是用了什么方法呢？

◆通过数“剩下的稻草绳”来“1 : 1”对应

通过减法来计算树木数量的奇思妙想

可以用作取炭的树木不只有一个种类。根据树木种类的不同，得到的木炭的质和量也不尽相同。据《吉川太阁记》记载，藤吉郎准备了几千条稻草绳，然后在每一棵树上都系上绳子，最后让大家来数剩下的绳子的数量。

如果准备了 3000 条绳子，最后剩下的稻草绳是 230 条的话，那就说明一共有 2770 棵树（=3000−230）。如此一来，在系绳子的时候就无须再分心去数树的数量了。

如果想要知道两种树木，那么只需要在绳子上做个记号就好了。比如将需要数的树木系上蓝色根茎的稻草绳，然后规定：

没有记号的绳子系在橡树上，有记号的绳子系在其他的树上，这样就可以通过数分别剩下来的绳子的数量来得知两种树木的数量了。

这就是通过“剩下的绳子”测量的智慧了，其中最有趣的应该就是利用“系上的绳子：树 =1：1”这个对应关系，来将很难数清的物品转化为容易数清的物品这种思维方式了。

第 2 章

知道概率就可以“末卜先知”吗

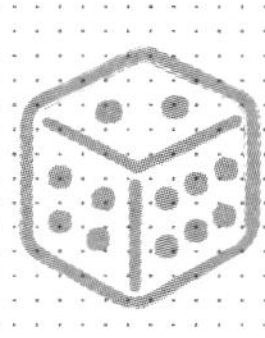

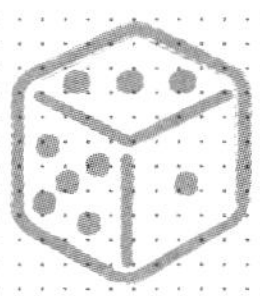

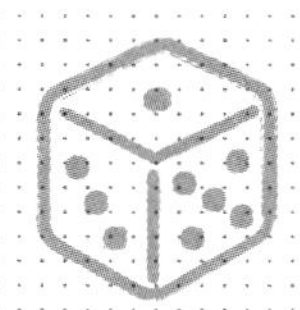

01 在赌场无法分出胜负的时候

◆概率的诞生

此处是巴黎的某家赌场，有 2 个人正在聚精会神地投硬币赌胜负。游戏规则很简单：投掷 5 次硬币，如果最先有 3 次正面朝上则算 A 男爵获胜；反之则算 B 商人获胜。赌注高达 1 场 1 万法郎[1]（2 个人加起来就是 2 万法郎），所以双方都在拼尽全力。

就在赌局进行到 A 男爵获得 2 胜，B 商人获得 1 胜时，由于巴黎市警方的突然介入，使得这场赌局无法再继续进行了。对于 A 男爵来说，“还未分出胜负就作废”是无论如何也无法接受的。毕竟他只需要再胜 1 次就可以赢得 1 万法郎了。

但是 B 商人也不可能明明还没有输就平白无故把 1 万法郎

---

[1] 法郎，2002 年前法国的法定货币单位。

拱手让人。那么请问这个时候（A 男爵 2 胜 1 负），如果想要把赌注分配还给两人的话，要怎样才能够使两个人都满意呢?

人尽周知的赌徒贵族德 · 梅尔也曾经向被人们赞誉为天才的帕斯卡请教过一个类似的问题。

一共 5 局决胜负，胜多者赢。如果在赌局的途中就不得不分出胜负的话，应当如何分配赌注？帕斯卡试着解答了一下这个问题并得出了答案，但是他自己也无法确定是否正确，于是就写信求教费马并最终得出了正确答案。此后，不仅是 2 人的赌局，帕斯卡还发现了适用于 3 人赌局的其他方法，并将其提案给了费马……这些往来的书信至今还被世人保存。而正是在解答这个问题的过程中，诞生的“概率”这个概念，给予了人们预测未来的无限可能。

接下来就给大家说明一下费马的方法吧。我们把“正面”当作 A 胜，“反面”当作 A 负。此时已经结束了 3 局（A 2 胜 1 负），也就是说还剩下 2 局可胜可负的局。如果要列举其可能性，则一共有 4 种：

（正面、正面）（正面、反面）（反面、正面）（反面、反面）

根据硬币的性质来考虑，得出这些结果的可能性应该是相同的。而剩下的两局只要出了 1 回正面，A 就赢了，也就是说，只有是（反面、反面）的情况，A 才会输，所以说 A 赢的机会有 3 次，而 B 赢的机会只有 1 次，因而就得出了结论：赌注的分配应该是以 3：1 来分配给两人。

思考一下“接下来会怎么样”

在当时，有很多人对这个结论抱有异议。因为下一局如果是正面，那么就是 A 的胜利，所以说他们认为（正面、正面）和（正面、反面）应该算成 1 次。所以赌注应该是以 2：1 的比例来分配，3：1 的分配比例有点太偏心 A 了。

在看这本书的您怎么认为呢？实际上当时的帕斯卡和费马为了解决这个问题也花费了不少时间，他们请教的其他数学家们也无法对此下定论。既有“因为还未分出胜负，所以赌注应该一人一半”这种意见，也有“之前的胜负是 2：1，所以赌注分配也应该是 2：1”这样的意见。

然而对于 A 来说，之前的胜负是 2 胜 1 负，但是他只需要再胜一局就可以赢得全部赌注，而不是按照 2：1 来分配了，所以对“2：1”这个比例还是无论如何都无法赞同。

综上所述，这个赌注的分配不应该按照此前的种种结果来

分配，而应该按照“接下来会怎么样”来分配。

思考一下“接下来会怎么样”？

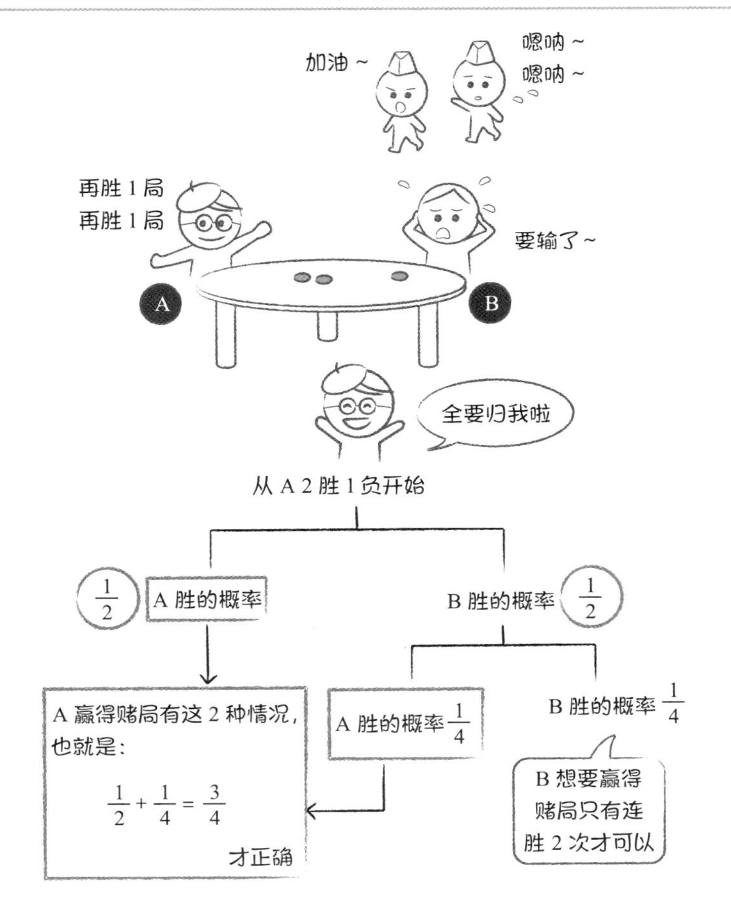

那么接下来的1局，A是胜还是负的概率为“1 ∶ 1”，所以他胜的概率是$\frac{1}{2}$，B胜的概率也为$\frac{1}{2}$，所以可以得出（反面、

正面）和（反面、反面）的概率同为 $\frac{1}{4}$，于是可以得出 AB 赢得赌局的概率分别如下：

A…… $\frac{1}{2}+(\frac{1}{2}\times\frac{1}{2})=\frac{1}{2}+\frac{1}{4}=\frac{3}{4}$

B…… $\frac{1}{2}\times\frac{1}{2}=\frac{1}{4}$（以 1−A= $\frac{1}{4}$的方法计算也可以）

在这里，帕斯卡提出了一个叫作期望值的概念，即根据概率，推导实际可以入手的预期金额。计算方法是使用赌注总金额乘以概率（赢的概率）来得出结果。

所以最终，A 和 B 的期望值应该分别为：

A…… $20000\times\frac{3}{4}=15000$（法郎）

B…… $20000\times\frac{1}{4}=5000$（法郎）

02 买彩票到底是亏还是赚

◆ 从大型彩票中可以得知

在上一小节，我们提到了帕斯卡提出了“期望值”这一概念。这个概念在概率和统计中出镜率很高。最典型的一个例子就是“彩票”了。有无数的彩民都把希望寄托在有可能一夜暴富的彩票上。大型彩票的情况具体如下：

1 组……10 万 ~19 万 9999 号（10 万张）

1 单元……100 组

单元数……20~60

1 单元就能够卖出 1000 万张的彩票（不同彩票的贩卖张数，也就是单元数不同），大型彩票则有 20~60 单元，所以一共会卖出 2 亿 ~6 亿张彩票。1 张彩票 =300 日元，而年终大型彩票是 60 个单元，也就是说大型彩票的总销售额是 1800 亿日元。

彩票的期望值为“一半以下”

2013 年“年终大型彩票”的期望值

奖项	金额	数量	总金额
一等奖	5 亿日元	60	300 亿日元
前后奖	1 亿日元	120	120 亿日元
不同组奖	10 万日元	5940	5.94 亿日元
二等奖	100 万日元	1800	18 亿日元
三等奖	3000 日元	600 万	180 亿日元
四等奖	300 日元	6000 万	180 亿日元
特别奖	5 万日元	18 万	90 亿日元

支付总额	893 亿 9400 万日元

销售额	=300 日元 ×60×1000 万日元	1800 亿日元
返还率	= 支付总额 / 销售额	0.497
期望值（相对于 300 日元）	= 返还率 ×300 日元	148.99

虽然支付总额由于一等奖的金额和特别奖的设置等原因每次都会发生变动，但是上表已经多估算很多了。即使这样，支付总额也才 890 亿日元，除以销售额的 1800 亿日元后，单纯从计算上来看，返还率连 50% 都不到（每次都低于 50%）。而相对于 300 日元，期望值仅有 148.99 日元。

◆何时开始出现偏差了呢?

很多人都是以 10 张为单位（连号、散号）来买彩票，其中必定能中 1 张四等奖（300 日元）。即便是这样，花出去 3000 日元也只能获得 300 日元。而单纯以期待值来计算的话，应该是可以返回来将近 1500 日元的，但是却完全没有获得这么多钱回报的感觉。这到底是怎么一回事呢?

其原因就是一等奖、前后奖等的奖金金额非常高，占了总额的将近 4 成以上。而对于一般人来说，想要中 3000 日元（3 等奖）的可能性都极其微小。确实，从平均值来看的话可能会有将近 1500 日元的回报，但那是被其他的大金额数字平均之后的结果，所以最终留给大多数的彩民的只有“回报是 300 日元而不是 1500 日元” 这样一种感觉。

这一点和“国民平均存款额有 1000 万日元但却与大家感觉的有偏差”是类似的，也是因为平均值被一部分有钱人的存款拉得很高。在这种情况下，比起“正中间”的平均值，中值才更能体现出人们的实际感觉。

彩票也是如此，一等奖到四等奖的奖券大约有 6600 万张。也就是说，如果我们按照高额当选者的顺序来，将从一等奖到前后奖，再到二等奖、不同组奖、特别奖、三等奖、四等奖排列起来，正中间的3300万号的人毫无疑问将是“四等奖”。

虽然“花出去3000日元也只能获得300日元（不仅是4等奖，还有什么奖都没中的人）回报”的这种感觉用平均值的概念很难理解，但是如果用中值的概念来考虑的话就比较切合自己的实际感觉了。

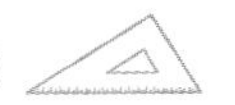

03 “赌徒的直觉”推动了数学的发展吗

是 9 多还是 10 多，这是个问题

德·梅尔这个人，总是喜欢拿自己的疑问去向各种不同的名人们请教。他还曾经向鼎鼎大名的伽利略请教过一个问题：“当我掷 2 个骰子的时候，骰面之和经常为 6 或 7，暂且还可以认为它们出现的几率相等；但当我掷 3 个骰子的时候，总是感觉骰面之和为 10 的组合比是 9 的情况要多，这难道是我的错觉吗？”

关于 3 个骰子骰面之和（3~18），通过观察下页的图即可得知：3 个骰子骰面之和为 9 或 10 的组合，共有 6 种。然而德·梅尔似乎根据自身的“经验”，感觉 10 比 9 出现的几率更大。这种感觉到底是否正确呢？他请求伽利略以科学的（数学的）方法告诉他。

我们不妨思考一下，虽说 9 和 10 的组合数相同，但是每个组合数出现的概率是否相同呢？让我们根据下图，然后考虑各种不同组合出现的情况：

掷 2 个骰子时，骰面之和为“6、7”……

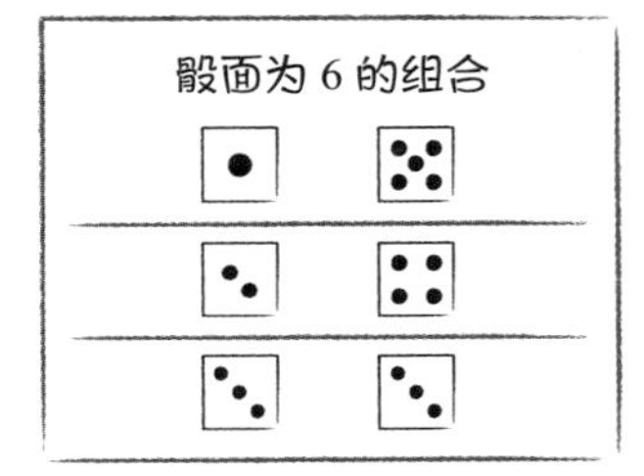

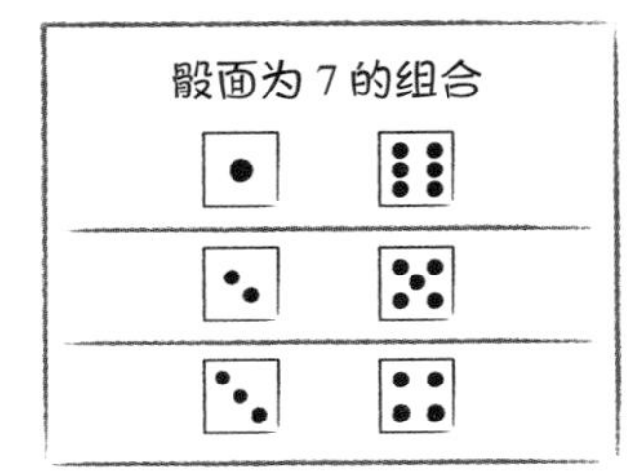

掷3个骰子时，骰子之和“10比9更频繁”出现吗？

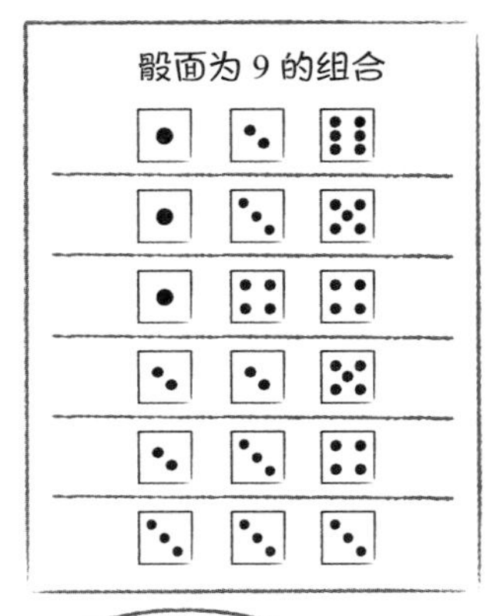

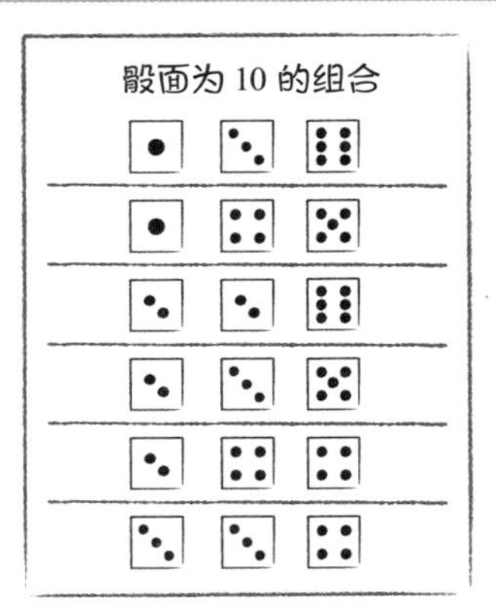

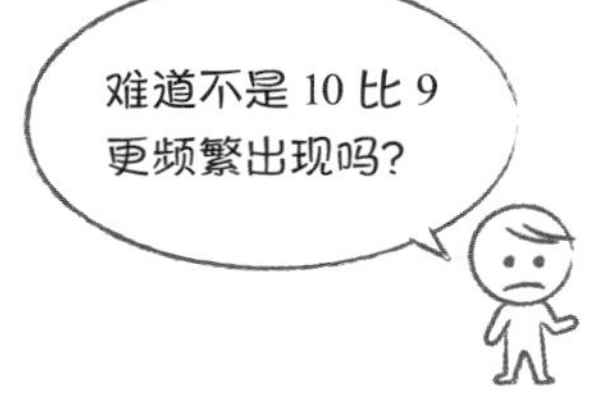

骰面为 9 的组合

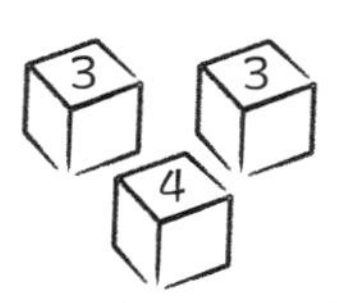

骰面为 10 的组合

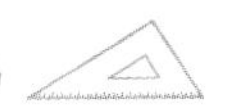

①所有的骰面均不相同的情况（比如“1、2、6”）……6 种。

②两个骰面相同的情况（比如“1、4、4”）……3 种。

③三个骰面均相同的情况（比如“3、3、3”）……1 种。

因此，参照后图所示 9 和 10 的组合，我们可以试着计算一下每一种出现的概率：

骰面之和为 9 的概率 $=\dfrac{6\times3+3\times2+1}{6^3}=\dfrac{25}{216}\approx0.115740$

骰面之和为 10 的概率 $=\dfrac{6\times3+3\times3}{6^3}=\dfrac{27}{216}\approx0.125$

由此可见，虽然只有一丁点的不同，但确实是 10 出现的概率比较大一些。

这么一想，德·梅尔这个人确实有过人之处。如此细微的概率差居然被他以大量的经验培养成的敏锐的嗅觉察觉到了，可想而知他平日里到底掷了多少次骰子。所以说即使是赌徒，只要专精一件事情就有可能察觉到连数学家们都无法察觉的事情呢。

3个骰面均不相同、2个骰面相同、3个骰面均相同

3 个骰面均不相同的情况：1 2 6

1	2	6	1	6	2
2	1	6	2	6	1
6	1	2	6	2	1

→ 6 种

2 个骰面相同的情况：1 4 4

1	4	4
4	1	4
4	4	1

→ 3 种

3 个骰面均相同的情况：3 3 3 —— 1 种

试着比较一下骰面之和为9的概率和骰面之和为10的概率

为 9 的概率

①所有骰面均不相同的情况

⚀ ⚁ ⚅ →6 种
⚀ ⚂ ⚄ →6 种
⚁ ⚂ ⚃ →6 种
} 6 种 ×3

②2 个骰面相同的情况

⚀ ⚃ ⚃ →3 种
⚁ ⚁ ⚄ →3 种
} 3 种 ×2

③3 个骰面均相同的情况

⚂ ⚂ ⚂ →1 种　　1 种 ×1

(6×3) + (3×2) + (1×1) = 25 种

为 10 的概率

①所有骰面均不相同的情况

⚀ ⚂ ⚅ →6 种
⚀ ⚃ ⚄ →6 种
⚁ ⚂ ⚄ →6 种
} 6 种 ×3

②2 个骰面相同的情况

⚁ ⚁ ⚅ →3 种
⚁ ⚃ ⚃ →3 种
⚂ ⚂ ⚃ →3 种
} 3 种 ×2

(6×3) + (3×3) = 27 种

04 每 40 人中就有一组人是同一天生日吗

◆有人是同一天生日的概率

本小节的知识有可能在生日会或者团体旅游等娱乐活动中起到作用，即“有没有人是同一天生日”的问答。

问题

有一个拥有 40 位客人的旅游团，其中最少有 1 组人生日是同一天的概率大概是多少？如果客人变为 30 位，那又会怎样呢？

如果能够在旅行途中说道：“此次旅游团一共有 40 个人参加，而其中同一天生日的人居然有 2 组！”就可以让大家更加了解彼此，并且还可以活跃气氛。即便实际上并没有 2 组人而只有 1 组人时也可以这么说：“与两位 1 月 29 号同一天生日的还有伯努利、北里柴三郎老师、罗曼·罗兰等名人哟。有 Kyary Pamyu Pamyu（日本女歌手竹村桐子，中文艺名彭微微）

也是 1 月 29 号生日哟。”这样就能够有助于拉近双方的距离、有效化解尴尬了。

有些人可能会理所当然地觉得 1 年有 365 天，“仅仅 40 个人里，应该不会这么巧就有生日是同一天的人吧？”那么情况到底是怎样呢？有的时候，事实可能比小说更加不可思议。

虽然生日是 1 月 1 号这个大喜日子的人有很多，此处我们暂且认为于一年中所有日子出生的概率皆为 $\frac{1}{365}$。

◆先考虑“没有与他同一天生日的人”

为了便于思考，我们暂且把“同一天出生的概率”放在一旁，先考虑“不是同一天出生的概率”吧。如果只有 A 和 B 两个人，那么我们先假定 A 随便出生于哪一天，此时 A 的概率为“$\frac{365}{365}$”，也就是 1；那么 B 与 A 不是同一天出生的情况则是出生于剩下的 364 天中的任意一天即可，此时 B 的概率为“$\frac{364}{365}$”。由此得出 A 和 B 不是同一天出生的概率为：

$$\frac{365}{365}\times\frac{364}{365}$$

因为我们想要求的是“同一天出生的概率”，所以我们只需要用 1 减去之前的概率就可以得出：

$$1-\frac{365}{365}\times\frac{364}{365}$$

如果是 3 个人，情况又会怎样呢？同样的，如果我们考虑“3 个人都不是同一天出生的概率”，那么就相当于刚才的 2 个人再加上 C，也就是说 C 的生日和 A、B 均不相同即可。因此，只需要将“$\frac{365}{365}$”乘以 2 人的概率，再用 1 减去即可。也就是：

$$1-\frac{365}{365}\times\frac{364}{365}\times\frac{363}{365}$$

如此一来，我们便掌握了求同一天生日概率的方法了。如果是 10 个人的话，就是：

$$1-\frac{365}{365}\times\frac{364}{365}\times\frac{363}{365}\times\frac{362}{365}\times\frac{361}{365}\times\frac{360}{365}\times\frac{359}{365}\times\frac{358}{365}\times\frac{357}{365}\times\frac{356}{365}$$

试着计算了一下，结果为 0.117。虽然 10 人情况的概率仅仅为 10% 左右，但是当人数增加到了 20 人，概率则随之增长为 40% 了。尽管 1 年有 365 天，但是仅仅 20 人之中就“至少有 1 组人生日相同”的概率竟然为 40%，是不是大出所料呢？

第 47 页的表就是对之前讲述的内容做的一个总结。前面的问题是 40 人或者 30 人当中“有 1 组人生日是同一天的概率”，所以这个问题的答案是：当人数为 40 人的时候，概率为 89.1%；当人数为 30 人的时候，概率为 70.6%。

40人当中有“1组人”的生日是同一天？

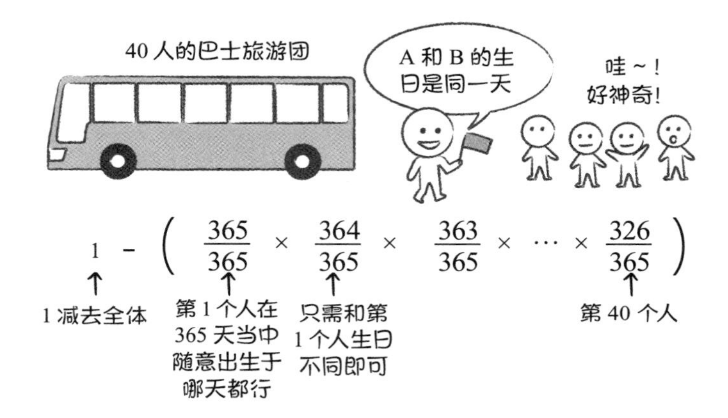

$$1-\left(\frac{365}{365}\times\frac{364}{365}\times\frac{363}{365}\times\cdots\times\frac{326}{365}\right)$$

肯定有人会觉得这个概率要比自己认为的大得多吧。我想原因大概是因为他们下意识就把这个认定成“和自己（本人）同一天生日的概率”了吧。

40人当中有1个人和自己是同一天生日的概率是：

$$1-\frac{364}{365}\times\frac{364}{365}\times\frac{364}{365}\times\frac{364}{365}\times\frac{364}{365}\times\cdots$$

$$=1-\left(\frac{364}{365}\right)^{39}\approx 0.10147$$

仅有10%的概率。

即使这个计算换成了“有没有学生是今天过生日呢”，解题思路也是一样的。这种情况，我们就用1减去“没有一个学生是今天过生日”的概率。所以有一个学生今天过生日的概率是10%左右，另外90%左右的概率是没有。

如果是考虑“至少有 1 组”的概率，那么几乎有 9 成；如果是考虑“和自己同一天”的概率，那么只有 1 成了。所以根据思考方式的不同，概率也会截然不同。

至少有1组人是“同一天生日”的概率

人数	没有 1 个人是同一天生日的概率	有 1 组人是“同一天生日”的概率
1 人	1	0
2 人	0.997	0.003
3 人	0.992	0.008
4 人	0.984	0.016
5 人	0.973	0.027
6 人	0.960	0.040
7 人	0.944	0.056
8 人	0.926	0.074
9 人	0.905	0.095
10 人	0.883	0.117
11 人	0.859	0.141
12 人	0.833	0.167
13 人	0.806	0.194
14 人	0.777	0.223
15 人	0.747	0.253
16 人	0.716	0.284
17 人	0.685	0.315
18 人	0.653	0.347
19 人	0.621	0.379
20 人	0.589	0.411

1成左右

超过2成

超过4成

人数	没有 1 个人是同一天生日的概率	有 1 组人是“同一天生日”的概率
21 人	0.556	0.444
22 人	0.524	0.476
23 人	0.493	0.507
24 人	0.462	0.538
25 人	0.431	0.569
26 人	0.402	0.598
27 人	0.373	0.627
28 人	0.346	0.654
29 人	0.319	0.681
30 人	0.294	0.706
31 人	0.270	0.730
32 人	0.247	0.753
33 人	0.225	0.775
34 人	0.205	0.795
35 人	0.186	0.814
36 人	0.168	0.832
37 人	0.151	0.849
38 人	0.136	0.864
39 人	0.122	0.878
40 人	0.109	0.891

超过一半了

将近9成的概率

05 概率会发生改变？——蒙提霍尔问题

◆极其不可思议的事情

我们平时提到概率，无非就是骰子掷出 1~6 的概率、硬币扔出正反面的概率等诸如此类的东西。然而，“加上某些新的信息以后，概率会发生改变”的事情也有。在这里就举一个例子：蒙提霍尔问题。

假设你现在正在一档人气电视节目上，面前有 A ~ C 三扇门。其中的一扇门背后放着这次的大奖——一辆汽车。而另外两扇门的背后什么也没有。游戏规则是如果你猜中哪扇门背后有汽车，那么这辆汽车就归你了。

此时你选中了一扇门（假设是 A）。随后主持人又打开了另一扇门（假设是 C），那扇门的背后什么也没有。

然后主持人对你说道：“你看，C 背后什么也没有。虽然你现在选了 A，但是现在我可以给你一次重新选择的机会。你

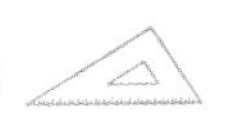

要怎么选呢？是继续坚持 A 的选择，还是把选择换成 B 呢？”

打开C门以后，概率变成什么样了？

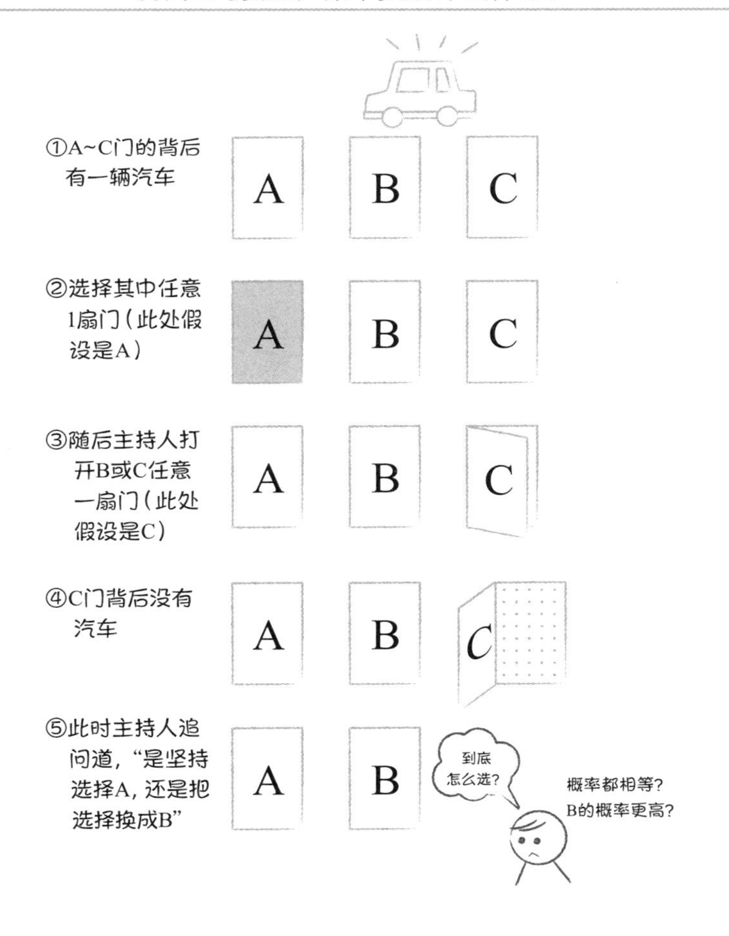

◆知道了新的信息，概率会发生改变吗

在这里，要大家考虑的是“概率的变化”这件事。我们已经知道了C门的背后什么也没有。一开始A、B、C三个门的中奖概率应该同为“$\frac{1}{3}$”，但是因为C的可能性被排除了，所以可以知道A、B的中奖概率也发生了变化。

因为现在只有A和B这两个选项了，所以我们可以考虑A和B的概率分别从$\frac{1}{3}$变成了$\frac{1}{2}$。

如果考虑A和B的中奖概率分别“变成了$\frac{1}{2}$”，那么当然就“没有必要改变”了（因为一时兴起或者某些特殊的第六感而要变更选择的不做考虑）。

但是此时，有一位女性却认为“A的中奖概率是$\frac{1}{3}$没有变化，但是B的中奖概率却因为C被排除而变成了$\frac{2}{3}$，所以如果把选择改成B的话，中奖的概率就提高了2倍”。她的论据如下所示：一开始A~C的概率分别都同为$\frac{1}{3}$，所以参赛者选择的A的中奖概率为$\frac{1}{3}$，未选择的两扇门（B和C）的合计中奖概率为$\frac{2}{3}$。而如果知道了C的背后没有奖品的话，那么B的中奖概率就变成了$\frac{2}{3}$（C的中奖概率也加进去）。

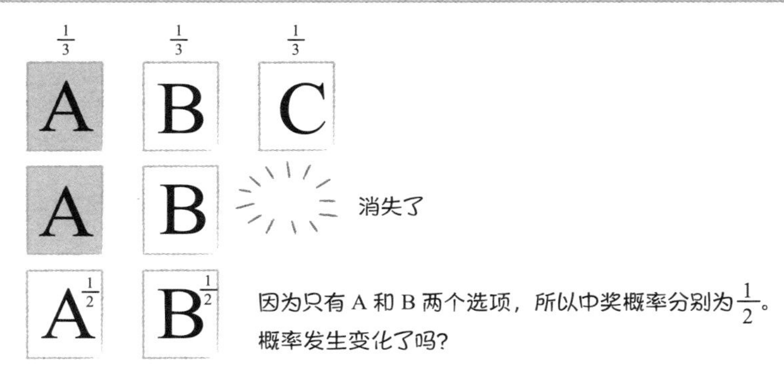

所以她认为“参赛者应该更换自己的选择，这样中奖概率就变成 2 倍了”。

而对于她的这个想法，有好几位数学家奋起说道：“A 和 B 的概率分别同为$\frac{1}{2}$，改变选择不可能让中奖率变成 2 倍！”进而发生了争执。

顺带一提，“蒙提霍尔问题”就是以这个节目主持人的名字来命名的。

◆最终结果是？

乍一看仿佛那位女性的主张更有道理，而数学家们的主张更偏向于主观性。因为主张“A 和 B 概率都同为 $\frac{1}{2}$ ”的是数学家们，所以应该比较有权威性吧。

但是对概率问题感到头疼的数学家们也不在少数。仅靠有道理是无法解决问题的，不能轻易地做决定。最终我们根据计算机模拟可以得知，那位女性主张的“改变选择，中奖概率会变为 2 倍”的论点是正确的。日本的 NHK 节目《老师没教的事》也对这个话题做了资料收集,很多人做了实验并验证了这一点。

然而,还是有很多人感觉:“不可能只有 B 的中奖概率增加,还是应该是 $\frac{1}{2}$ 吧？”到底是什么原因使如此多的人（包括数学家们）判断失误了呢？为了让大家能够理解这件事，我简单地把模拟结果总结成图。

首先，为了更好地确认情况，我们假设参赛者最初选择的门为“●”，主持人打开（被排除）的门为“·”，放置了汽车的门为“◎”。于是我们可以得出以下结论：

①列……坚定最初选择的门，不改变选择时的中奖次数。

②列……主持人排除一扇门之后，改变最初选择时的中奖次数。

我们试着将最初选的门和可中奖的门的位置从 A~C 随机改变其位置。如果您觉得图中的位置不像是随机的，那我希望您

也可以试着去制作同样一个表。

试着将蒙提霍尔问题以小规模的形式模拟出来

次数	A 门	B 门	C 门	①不改变最初选择时的中奖次数	②改变选择的中奖次数
1	·	●	◎		★
2		·	●◎	★	
3	●◎		·	★	
4	·	●	◎		★
5	·	●◎		★	
6	●	◎	·		★
7	◎	●	·		★
8	·	●	◎		★
9	·	◎	●		★
10	●	◎	·		★
11	◎	·	●		★
12	·	●	◎		★
13	·	◎	●		★
14	●	◎	·		★
15		·	●◎	★	
16	·	◎	●		★

续表

次数	A门	B门	C门	①不改变最初选择时的中奖次数	②改变选择的中奖次数
17	◎	●	·		★
18	●	◎	·		★
19	●	◎	·		★
20	●	·	◎		★
21		·	●◎	★	
22	·	●◎		★	
23	·		●◎	★	
24	◎	●	·		★
25	●◎	·		★	
26	◎	·	●		★
27	◎	·	●		★
●＝最初选择的门　·＝主持人打开（被排除）的门　◎＝能中奖的门				8次	19次

实验进行了27次，参赛者能够猜中汽车位置的次数仅有8次。概率是$\frac{1}{3}$时应该猜中9次，所以基本上可以说是刚好合适。

如此看来，确实“②的概率是①的2倍”，即使是这样一个小规模的模拟形式，也可以反映出：改变最初的选择比较容易中奖。

◆1 万扇门当中 9999 扇的概率更高

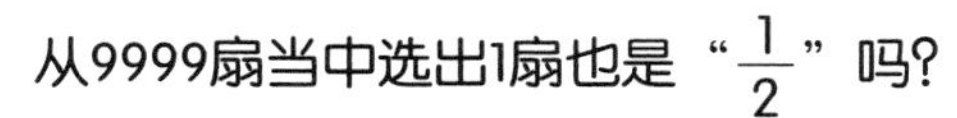

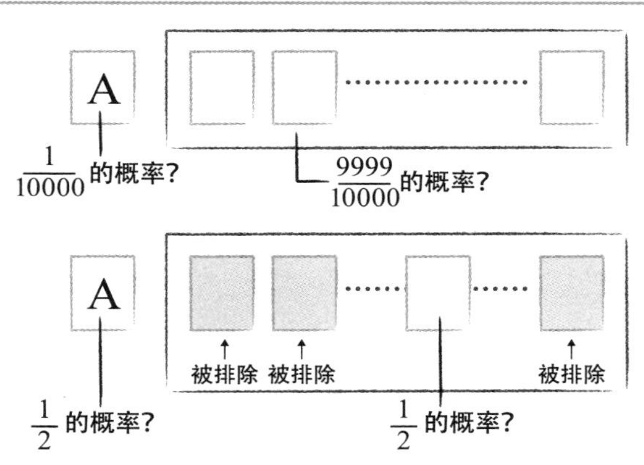

还有一种说明能够让大家“恍然大悟”。这次我们把 3 扇门换成 1 万扇门来考虑这个问题。当您从 1 万扇门当中选择 A 门后，此时的中奖率毫无疑问是 $\frac{1}{10000}$。于是，剩下的 9999 扇门中中奖的概率应该是 $\frac{9999}{10000}$。

此时，如果主持人把 9999 扇门中的 9998 扇门作为排除选项打开，仅留了 1 扇门。那么情况就变成了加上您选择的那扇门一共有两扇门。如果这样，您还为您选择的 A 门的中奖概率从 $\frac{1}{10000}$ 变为 $\frac{1}{2}$ 而感到高兴是不是有点不太对劲了呢？大家应该都会觉得主持人从 9999 扇门中留下的最后 1 扇门的中奖概率更高吧。站在这种角度去思考的话，就可以让自己的直觉变得正确了吧。

第 3 章

去发现“隐藏在数字之后的法则”吧

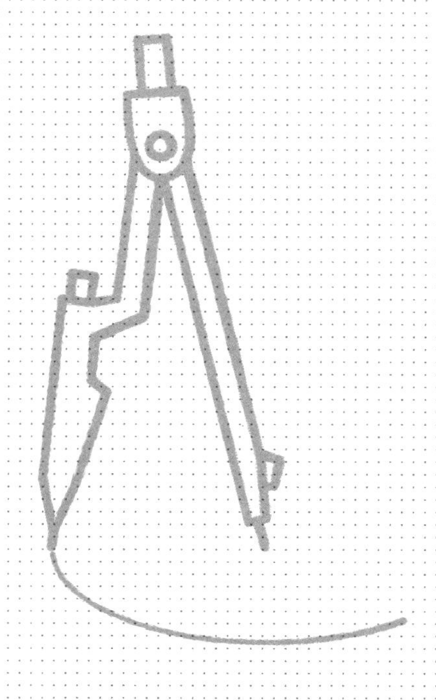

01 “费马最后的定理”记载于书的空白处

◆留名数学史的费马的职业是?

费马猜想（费马最后的定理 / 费马大定理）提出的 400 年后被英国数学家安德鲁·怀尔斯成功证明——这个大新闻在 20 世纪末轰动了整个数学界。虽说皮耶·德·费马（1607—1665，法国）是数学家，但其实他当初是从事法律相关事务的人员，研究数学纯粹是自己的兴趣爱好。另一个原因是当时还没有“数学家”这样一个职业。

当时距 1450 年古腾堡发明欧洲活版印刷技术已经过去了 2 个世纪，以圣经、古希腊和拉丁古典为代表，世间盛行印刷发行各种印刷物，其中当然也包括数学古典。

◆空白处太少了……

一切事情都源自费马记载于书上的笔记

费马曾经一度沉迷于阅读人称代数之父丢番图所著的《算术》这本书，并将自身通过阅读感悟到的定理、心得等记载于书的空白处。

费马去世以后，他的儿子山缪整理出版了父亲的这些手稿和笔记，才使得有着 48 条之多的“定理的猜想”公诸于世。其中的大部分内容，在其后不久都依次被莱布尼茨、欧拉等数学家们成功证明了。

然而，被人们称作“费马最后的定理”的这个猜想，在费马去世后的 300 多年里，却一直都未曾被人们成功证明。在证明该猜想的过程中衍生出的许多其他的数学概念和理论，甚至超过了这个定理本身拥有的数学方面的价值。这就是“最后的定理”最终成为举世闻名的猜想的原因。

费马最后的定理中$x^2+y^2=z^2$是什么？

在这里希望大家能够回忆起中学时学过的毕达哥拉斯定理，即勾股定理。

直角三角形的三条边有着$x^2+y^2=z^2$这样的关系，满足这个关系的整数对有诸如（3、4、5）（5、12、13）等无数对。然而，如果把平方换成3次方、4次方——3次方以上任意的次方，那么满足这个等式的整数对就只有（0、0、0）这样一组——对于此，费马有好几种“猜想”。而正是这些猜想，被后世人们称作费马最后的定理（大定理）。简单地归纳来说就是：当整数$n \geqslant 3$时，关于x, y, z的方程“$x^2+y^2=z^2$”没有正整数解。而费马本人还留下了一段有名的话——“关于此，我确信已发现了一种美妙的证法，可惜这里空白的地方太小，写不下。”由此激发了许多数学家对这一猜想的兴趣并前赴后继地想要证明这个猜想：“到底是真如费马所说，还是仅仅是他自己的错觉？”

仅仅看这个方程式便可明白，这是一个和勾股定理相似的关于方程式的解是否存在的问题。再加上有勾股定理相助，所以引来了无数数学爱好者的挑战。

但是直到费马去世330年以后的1994年，才被安德鲁·怀尔斯成功证明。他时年已经超过40岁，所以无法获得数学界最高荣誉的菲尔兹奖[1]（获奖者必须在该年元旦前未满40岁）。尽管如此，对于从孩提时期就将费马的定理牢记于心并因此成为数学家的他来说，这应该是获奖远不能比的至高荣誉吧。

---

[1] 在1998年，国际数学联合会史无前例地颁给怀尔斯菲尔兹特别奖。——译者注

02 使用当时的方法来挑战“丢番图问题”

◆谜一般的丢番图

那么，使费马沉迷于其著作无法自拔的数学家丢番图，究竟是一个什么样的人呢？如今人们知道的信息只有“他曾经有一段时间住在亚历山德里亚（古埃及）”，是一个谜一般的人物。首先，从出生年月开始就信息不详。有一种说法是他生于公元200~214年，卒于公元284~298年。

人们知道的唯一关于他的信息是被称作“丢番图的墓志铭”的一个难题。连这也仅仅是存在于公元5~6世纪的《希腊诗文集》中的记载，历史上并没有人发现这个墓碑的记录。不知道他和阿基米德哪一个更幸福呢？（古罗马西塞罗曾留下找到阿基米德墓碑的记载，然而其遗址如今并不存在了）

回归正题。丢番图的墓志铭实际上是以诗的形式记载的，需要大家根据内容去判断他去世的年龄。接下来，我们就试着

把有效的信息筛选一下吧。

他生命的 $\frac{1}{6}$ 是幸福的童年，生命的 $\frac{1}{12}$ 是青少年时期。又过了生命的 $\frac{1}{7}$ 他才结婚。婚后 5 年有了一个孩子，悲伤的是孩子活到他父亲一半的年纪便死去了。孩子死后，丢番图在深深的悲哀中又活了 4 年，也结束了尘世生涯。

让我们试着解答一下吧。先假设他活了 x 年。根据题目内容可以列出如下的方程式：

$$x=\frac{x}{6}+\frac{x}{12}+\frac{x}{7}+5+\frac{x}{2}+4$$

解开这个方程式可以得知，丢番图一共活了 84 岁。

写在丢番图墓碑上的问题

他生命的 $\frac{1}{6}$ 是幸福的童年，生命的 $\frac{1}{12}$ 是青少年时期。又过了生命的 $\frac{1}{7}$ 他才结婚。婚后 5 年有了一个孩子，悲伤的是孩子活到他父亲一半的年纪便死去了。孩子死后，丢番图在深深的悲哀中又活了 4 年，也结束了尘世生涯。

首先我们把式子列出来。假设丢番图活了 x 年，那么根据墓志铭的内容可以得知：

$$x=\frac{x}{6}+\frac{x}{12}+\frac{x}{7}+5+\frac{x}{2}+4$$

因为分数的计算比较烦琐，所以我们两边同时乘以 12，就可以得到：

$$12x = 2x + x + \frac{12x}{7} + 60 + 6x + 48$$

接下来可以得出：

$$108 = 3x - \frac{12x}{7} = \frac{(21-12)x}{7} = \frac{9}{7}x$$

两边再同时除以 9 之后可以得出：

$$12 = \frac{x}{7}$$

如此一来可以求出，$x = 84$。

◆试着用当时的“单位分数”的方法来解答

对于如今的人们而言，只要学过方程式的解法，就连中学生都能轻松地解答这个问题。但是在当年，人们还没有方程式这个概念。

当时虽然有自然数的加减乘除法，但是除法也只是整除或者用余数来计算的除法。将式子变形以后求解这种高端的技术更不可能实现了。所以在当时想要解答这个墓志铭的问题是需要非常高超的技巧的。

那么他们到底是如何解答出来的呢？接下来我们就利用跟

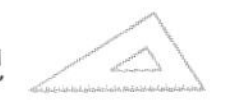

当时一样的计算方法来试着解答一下吧。虽然当时不像现在有分数的存在，但是作为古埃及时代传承下来的知识——单位分数却经常被人们使用——即“$\frac{1}{x}$”这样形式的分数。然而这种形式的分数在古埃及的使用方法却比较独特。比如说，现在想要表达“将 2 个东西分给 3 个人的话，就是 1 人 $\frac{2}{3}$ 个”，如果将其用“$\frac{1}{x}$”的形式表现出来就是：

$$\frac{2}{3}=\frac{1}{3}+\frac{1}{3}$$

但是古埃及的表现方式却是：

$$\frac{2}{3}=\frac{1}{2}+\frac{1}{2}\times\frac{1}{3}=\frac{1}{2}+\frac{1}{6}$$

单位分数的概念

不是 $\frac{2}{3}=\frac{1}{3}+\frac{1}{3}$，而是像 $\frac{2}{3}=\frac{1}{2}+\frac{1}{2}\times\frac{1}{3}=\frac{1}{2}+\frac{1}{6}$

这样，一开始就以单位分数来考虑最大的数值，然后再逐渐加上不足的单位分数，这就是所谓的古埃及流的单位分数。

因此，像 $\frac{2}{3}$ 和 $\frac{2}{5}$ 这样的数值就都是以“不同的单位分数之和”的形式来表示结果的。所以，这个丢番图墓志铭的问题也只能用 $\frac{1}{x}$ 的形式来表现。

这样的话，自然而然地就会觉得答案是以“$\frac{1}{x}$”形式表示的数，并且可以笃定是，以“$\frac{1}{x}$”表示丢番图的去世年龄这个

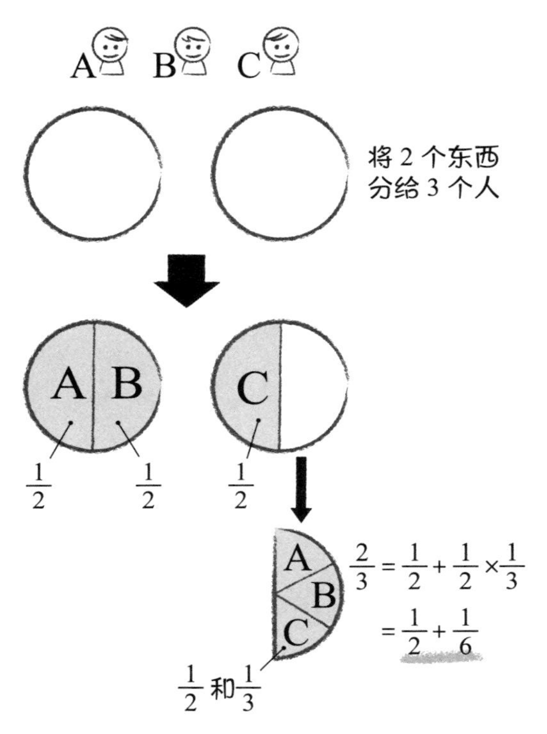

未知数一定是个整数。如此一来，问题就变成了求一个数的$\frac{1}{6}$、$\frac{1}{12}$、$\frac{1}{7}$、一半（$\frac{1}{2}$）都是整数的数。换句话说，应该就是要求6、12、7、2 的公倍数。

而这些数的最小公倍数是 $12\times7=84$。在 84 之后的公倍数是 168，然而很显然不可能有这么长寿的人，所以答案就是84。代入进去验算一下，结果如下：

$$\frac{84}{6}+\frac{84}{12}+\frac{84}{7}+5+\frac{84}{2}+4=14+7+12+5+42+4=84$$

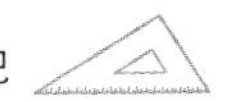

◆墓志铭的问题是注意到“约数很多”而制作的?

虽说得出了正确答案，但是如果验算结果不正确的话也没有办法。如果换成5或者4这个数字，那么方程式虽然无法成立，但是根据整数性求出的答案却依旧是84。那时候大概就变成了“这个问题本身搞错了”，只要变动一下数值，问题就无法成立了。所以据我推测，有可能是有人先注意到了84这个数字有很多的约数，然后再根据这个人生命的各个时期分别是84的几分之一，最终制作出了这个问题吧。

同样的，如果把能够被称作日本的代数之父的高木贞治（1875—1960）先生的一生也变成同样类型的问题的话，大概会是这样：

“他生命的 $\frac{1}{12}$ 又 2 年是在家乡的村庄里度过的，生命的 $\frac{1}{7}$ 在学校里学习。去德国过了生命的 $\frac{1}{12}$ 之后，他当上了教授，随后他生命的 $\frac{1}{3}$ 又 4 年一直作为教授教书育人。退休以后过了生命的 $\frac{1}{3}$ 不足 4 年以后，他结束了自己满载荣誉的一生安详而去。”

$$\left(\frac{x}{12}+2\right)+\frac{x}{7}+\frac{x}{12}+\left(\frac{x}{3}+4\right)+\left(\frac{x}{3}-4\right)=x$$

与丢番图不同的是，人们对高木贞治先生的生平有着很详细的记载，所以我也不能凭感觉乱写。因此制作的问题里的数字也不是那么整齐，但是答案却和丢番图一样都是 84 岁。大家可以试着自己去思考一下各种历史名人的生平，也是别有一番滋味呢。

03 曾吕利新左卫门的数列智慧

◆1 粒、2 粒、4 粒……如此继续一百天？

在秀吉的身边有着很多有趣的事情。他身边曾经有一位智者名为曾吕利新左卫门，这位智者因为一件近乎传说的机智的事情而为众人所知。他作为秀吉的御伽众（政治和军事的顾问）有各种各样的趣事流传于后世。例如，有一次秀吉感叹自己“因为被人说长得像猴所以很困扰”时，他的回答“那是因为连猴子都仰慕殿下所以日夜企盼所致”令秀吉开怀大笑。无论是在织田家的杂役时代，还是之后被称作猿面冠者的时期，又或是在此之前，秀吉的战友、上级长官以及敌人都说过秀吉长得像猴，所以这应该是事实。

某一天，秀吉对新左卫门说道：“你有什么想要的东西，我都能赏给你。”于是新左卫门回答道：“那么是否可以今天给我 1 粒米，明天给我今天的 2 倍也就是 2 粒，后天再给昨天的2倍也就是4粒……如此这般，每天都是前一天的2倍呢？”

虽然感觉他并不需要这些米，但是秀吉还是笑着答应了。他认为仅仅是些米粒，即使是这样的2倍游戏，一百天左右也不是什么大不了的事情。所以他接着问道：“要不计算一个总数一起赏给你如何？”新左卫门拒绝道：“我希望您可以每天赏赐我一点。”

就这样过了十几天以后，秀吉收到了藏奉行[1]的奏折并且意识到：“一百天以后，即使把整个丰臣政权的米都拿出来，也不够赏给新左卫门的。”秀吉最终收回了对新左卫门的这个赏赐。

计算数列之和的话……

现在我们不妨把自己当作藏奉行来计算一下吧。例如，10天之后的米粒的数量根据下列计算可以得知是1023粒。

$1+2^1+2^2+2^3+2^4+2^5+2^6+2^7+2^8+2^9$

$=1+2+4+8+16+32+64+128+256+512$

$=2^{10}-1=1024-1=1023$

---

[1] 藏奉行，掌管粮仓的常役职位。

这个可以写成：

$1+2^1+2^2+2^3+2^4+2^5+2^6+2^7+2^8+2^9$

$=2^{1-1}+2^{2-1}+2^{3-1}+2^{4-1}+2^{5-1}+2^{6-1}+2^{7-1}+2^{8-1}+2^{9-1}+2^{10-1}=2^{10}-1$

这样，我们接着看到一百天为止的计算是：

$1+2^1+2^2+2^3+2^4+2^5+2^6+2^7+2^8+2^9+\cdots+2^{100-1}=2^{100}-1$

第1天、第2天……第n天的米的总数是？

	第1天	第2天	第3天	第4天	第n天
	$1=2^0$	$2=2^1$	$4=2^2$	$8=2^3$	2^{n-1}
合计	2^1-1	2^2-1	2^3-1	2^4-1	2^n-1

这样（像 2^n-1 这种形式的自然数，我们称之为梅森数），最终得出的这个数大得已经无法想象了。所以，我们试着将 2 的阶乘用 10 进位概算时使用的简便方法来计算一下吧。

由 $2^2=4$　$2^4=(2^2)^2=16$　$2^8=(2^4)^2=(16)^2=256$

$2^{10}=2^2\times2^8=4\times256=1024$

可以得到，$2^{10}=1024$。

此处可以知道，$2^{10}\approx10^3$，所以即使是再大的数，也可以推测出来大概有多大。

我们再来变换一下计量米的单位吧。一般来说，人们经常使用“合、升、斗、石”这四个单位来计量米。1 合里面大约有 6500 粒米。2^{10} 约等于 1000，所以可以预测 2^{13} 肯定超过 6500 粒米（1 合）了，大约有 8000 粒。也就是说，到第 13 天的时候就需要给 1 合以上的米了。

第100天的米的数量在一百万石以上？

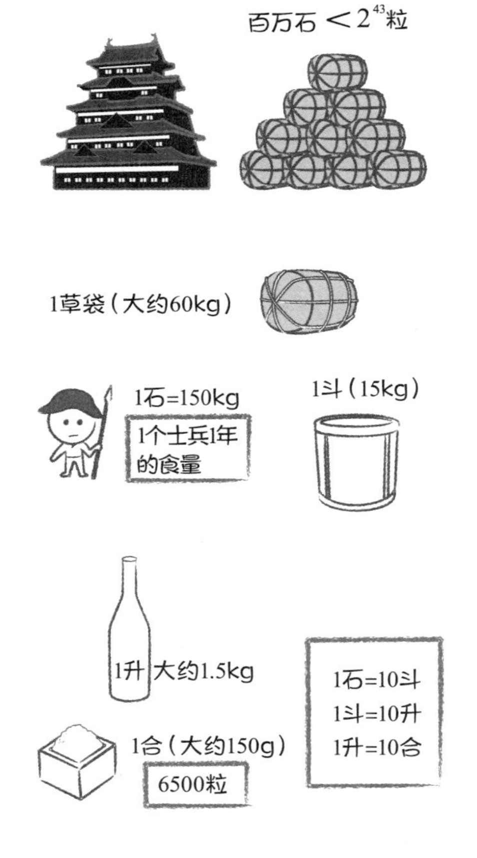

在计量米的单位里面，10 合 =1 升，10 升 =1 斗，10 斗 =1 石。所以说，1 石 =1000 合，也就是“2^{10}”。2^{23} 粒就超过 1 石了，所以 1000000=10^6，约是“2^{20}”，可以推出 $2^{43}=2^{23+20}$ 就是一百万石。换句话说，1 天可以得到的量等于加贺藩一年的收入。

按照这个计算，无须等到 100 天以后，第 43 天就已经到一百万石了。作为藏奉行的你一定能够提前意识到这件事的严重性了吧。而当时接到奏折的秀吉一定也是大惊失色吧！

04 少年高斯的这一趣事为何会被神化呢

◆ 一瞬间计算出从“1~100”的这个想法

这一小节要讲的是人类最伟大的数学家之一高斯（1777—1855）还是小学生时候的故事。故事是这样的：有一次，他的老师在上课之前因为有些其他事情要处理，所以为了让小朋友们老老实实待着，就给大家布置了一道题目，内容是：“请计算出从 1 加到 100 等于多少。”小朋友们虽然嘴上说着不情愿，但也都开始计算起来，所以教室逐渐变得安静了。正当老师准备趁着这个时间处理事情的时候，少年高斯突然举起双手并说道：“老师，我算出来了，答案是 5050。”“咦，你以前做过这个计算吗？”老师好奇地问道，少年答道：“我是刚才计算出来的。”大吃一惊的老师连忙询问高斯他的计算方法，于是高斯就在黑板上写下了过程并说道：“因为它们可以组成 50 个和为 101 的数对，所以只需要计算 101 × 50＝5050 就可以了。”

其实这是一个很有名的故事，因为是求“等差数列之和”，所以不仅限于高斯，有很多其他的天才也同样有过类似的故事。当然，在高斯之前，日本也广为流传过类似的故事。

高斯的“△▼=平行四边形”的突发奇想

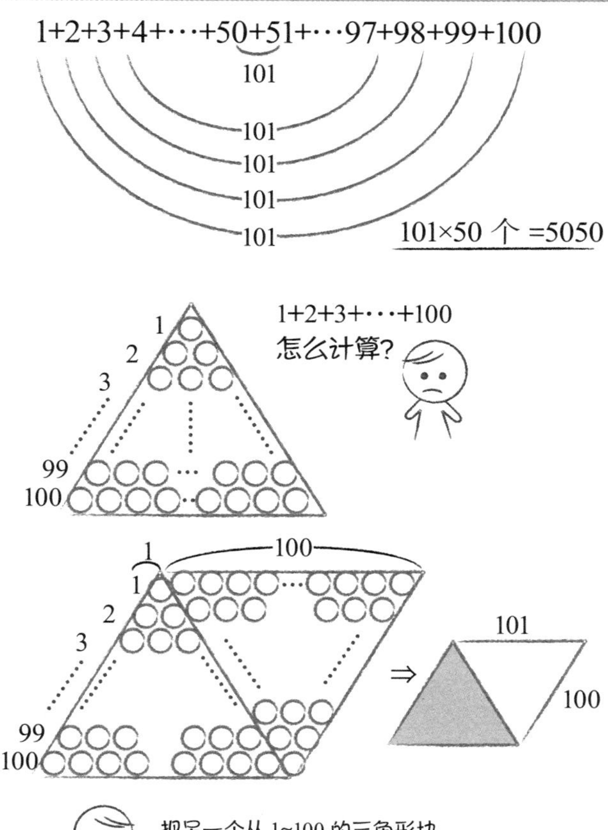

记载于《尘劫记》的草袋计算

吉田光由（1598—1673）是有名的富商角仓了以的孙子，也是江户时代的数学畅销书——《尘劫记》的作者。他生活的时代比高斯还要早几个世纪。

记载于《尘劫记》中的俵杉算（草袋计算）的主要内容是：将草袋按照最底下一行摆 13 袋，往上一行摆 12 袋……到最上面一行摆 1 袋这样的顺序把草袋垒成一堆时，“求一共有多少草袋”的问题。

此时也是同样的假设，把一个一模一样的草袋堆上下反转放置在其旁边制作成一个平行四边形。那么下底（上底也是同样）则为 14 袋，一共有 13 行，所以答案就是 14×13=182 袋的一半 91 袋。

《尘劫记》的草袋计算（从13袋~1袋为止）

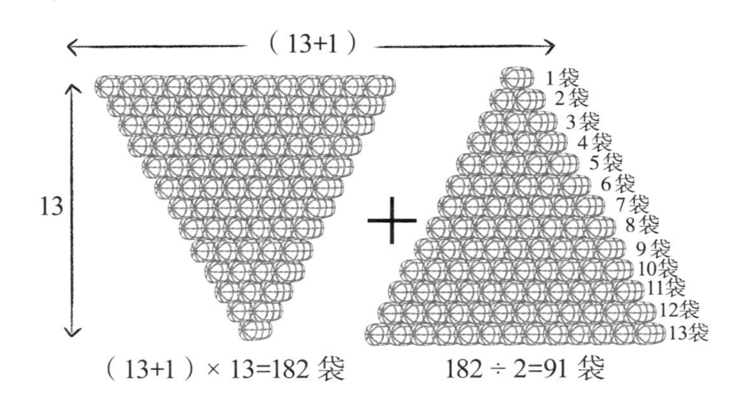

虽然《尘劫记》里记载的是 13 行草袋的计算问题，但是只要把行数换成 100，就变成了高斯的那个故事了（如果要堆 100 行，下面的草袋肯定会被压裂，但在此处不做考虑）。

那么如果制作一个和高斯一样的平行四边形的话，就会是：

$$\frac{(100+1)\times 100}{2}=5050$$

《尘劫记》里还记载了一种将俵杉算稍微变形的问题：

“现将米袋堆成梯形形状。如果最上面一行有 8 袋，最下面一行有 18 袋，那么请问一共有多少草袋？”

这个问题的解答思路也是一样的，将一个同样的梯形上下反转以后放置在旁边。平行四边形底边的草袋一共有 $8+18=26$ 袋。高度需要计算一下，是 $18-8=11$ 袋，所以同样可以得到：

$$\frac{26\times 11}{2}=143\text{（袋）}$$

《尘劫记》的草袋计算（从18袋~8袋为止）

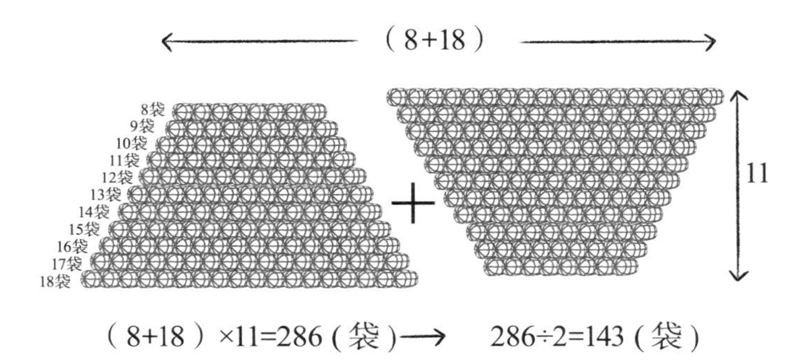

还有一种方法是不去制作一个平行四边形，而是想象在其上面还有一个“假想的大三角形”，然后再减去一个“假想的小三角形”。于是可以得出是用底边为 18 的三角形减去底边为 7 的三角形，也就是：

$$\frac{18\times19}{2}-\frac{7\times8}{2}=9\times19-7\times4=143$$

不仅如此，还有以草袋的数量来逆推草袋堆这样的问题。虽然在《尘劫记》中并没有出现，但是却出现在之后的和算书——郫井中渐的《算法童子问》（1784 年出版）中。

问题如下：

“假设现在一共有 324 袋米袋，如果想要不多不少刚刚好堆成一个梯形的话，请问最上面一行和最下面一行分别要堆多少袋？”

将其变为 2 倍（假设）以后，根据制作平行四边形的解答方法可以得到一共是 $324\times2=648$ 袋。此时需要一些事先的考察。我们假设最下面一行有 x 袋，高度是 y，那么最上面一行就应该是 $x-y+1$，所以可以得出：

$$648=\{(x+(x-y+1)\}\times y=(2x-y+1)\times y$$

如果 y 是偶数，那么 $2x-y+1$ 则是奇数。反之，如果 y 是奇数，那么 $2x-y+1$ 则为偶数。

所以，我们不妨把 648 试着分解成偶数和奇数的乘积，如

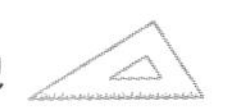

下所示：

$648=8\times81=24\times27=72\times9=216\times3=648\times1$

因为最上面一行的米袋数量肯定是大于 1 袋的，所以有这样的关系：

$x-y+1\geqslant1\Leftrightarrow x\geqslant y$

因此，一共可以列出下表所示的 5 种情况。虽然这 5 种情况都没有问题，但是因为最后一种情况堆积成的形状并不是梯形，所以不属于《算法童子问》中的问题的答案，所以最终答案有 4 种情况。

《算法童子问》中俵杉算的逆推问题

$2x-y+1$	81	27	72	216	648
y	8	24	9	3	1
x	44	25	40	109	324
$x-y+1$	37	2	32	107	324

05 三角形数和四边形数的关系

◆ 三角形数与高斯的想法的共同点

三角形数、四边形数是什么

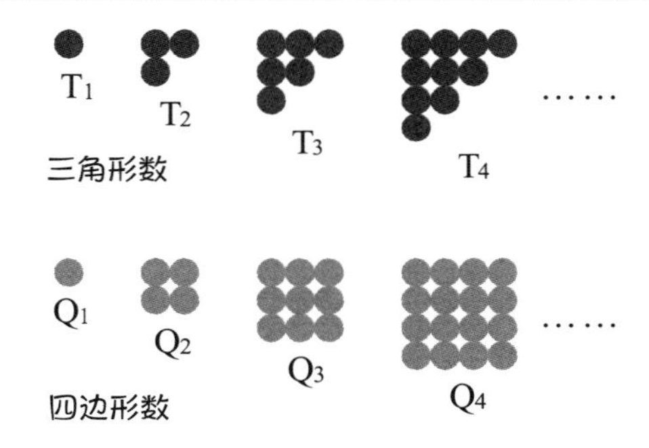

在上一小节我跟大家说过，少年高斯使用的数列的计算方法“在以前就已经为人们所知了”，事实上，这个“以前”可以追溯到古希腊时代。

请先看一下上面的图。如图使用像棋子一样的小石头来组成三角形。像这样边长为 1、2、3……的三角形的小石头的数量，

我们称之为三角形数，就让我们暂且以 T_n 的形式来表示吧。比如，边长为 2 的三角形数则用 T_2 来表示。同样的，边长为 1、2、3……的四边形的小石头的数量，我们称之为四边形数，并以 Q_n 来表示。比如，边长为 3 的四边形数则用 Q_3 来表示。

三角形数和四边形数的关系与少年高斯的故事之间的联系

n	1	2	3	4	5	6	7	8	9	10
三角形数 T_n	1	3	6	10	15	21	28	36	45	55
四边形数 Q_n	1	4	9	16	25	36	49	64	81	100
五边形数 P_n	1	5	12	22	35	51	70	92	117	145
六边形数 H_n	1	6	15	28	45	66	91	120	153	190

以此类推，五角形则为五边形数 P_n、六角形则为六边形数 H_n 的形式，这样的数我们一般称之为多边形数。把这些数字写下来，即如上表所示，一眼就可以看出来四边形数是 n^2 的形式。三角形数则与上一小节将米袋以正三角形的形式堆积以后的数量是相等的，当然前提是直角等边三角形的情况。

如果仔细研究一下三角形数和四边形数之间的关系，那么就应该不难发现，这其实和少年高斯的想法之间有着异曲同工之妙。接下来我们就来具体看一看：我们把上一页图中的 T_4 和 T_3 合并起来，就可以得到 $Q_4=16$，也就是说 $T_4+T_3=4^2$，由此

我们可以推出 $T_n+T_{n-1}=n^2$ 这个关系。也就是说，如果把 1 个边长为 n 的正方形（四边形数）看成是按照对角线切成两半的图形（对角线只能算入其中一边），那么这个四边形数会等于两个相继的三角形数之和。高斯的想法与《尘劫记》里记载的计算方法不谋而合。

◆ 高斯的伟大发明

如果说这个规律在古希腊时代就被人们发现并流传了下来，那么为什么高斯的故事会如此脍炙人口呢？如果只是因为“他当时还是个少年……”这个原因，那么很多人肯定会觉得“也不至于把他说成是这个领域的创始者”吧。

其实，其中最主要的原因与“任何自然数都可以表示为 n 个 n 边形数之和”这个定理有关。这个理论是由费马在 1638 年以公式的形式发表的，所以又被称作费马的多边形数定理。特别是当 n=3 的时候符合三角形数定理（任何自然数都可以由最多三个三角形数之和的形式表示）。而于 1796 年首次证明出这个定理的人，正是高斯。

关于四边形数的证明是在 1772 年由拉格朗日完成的，但是由于平时是以“任何自然数都可以由最多四个平方数之和的形式表示”这样的形式来表现的，所以大家其实对四边形数并没有什么深刻的印象吧。

成功证明了三角形数定理的高斯，对于数论研究的贡献巨大，因此，就连少年时代的故事都被渲染上了一种英雄色彩。

06 斐波那契的金币问题

◆斐波那契的生平

有一个人在历史上留下了一个叫作斐波那契数列的特殊数列，他就是意大利的数学家——斐波那契。他于 1170 年左右诞生于意大利的比萨。比萨和威尼斯同为意大利中世纪四大海洋共和国之一。比萨斜塔的第 1 期工程建于 1173~1178 年，所以也可以说斐波那契是和比萨斜塔一同成长起来的人物。

斐波那契的本名是莱昂纳多 · 达 · 比萨。著名的莱昂纳多 · 达 · 芬奇名字的意思是“芬奇村的莱昂纳多”；同样的，他这个名字的意思是“比萨街区的莱昂纳多”。

那么，为什么后世人都称他为“斐波那契”呢？原来是因为他的父亲外号是“Bonacci”（意即“简单”），所以他才有了“Bonacci 之子”即“Filius Bonacci”，最后被简称为“斐波那契”了。也就是说，他被人熟知的这个名字并不是他的本名，

而是他的外号。

幼年的他曾因父亲工作的原因，在非洲的阿尔及利亚生活过一段时间。随后加入伊斯兰教学习了希腊和波斯的传统文化，并由此感受到了从印度传来的阿拉伯数字的便捷性。

在此后的一段人生里，他遍访地中海各地，丰富了自己的阅历和知识。终于在 1200 年左右返回了自己的出生地比萨，并著成了《计算之书》（*Liber Abacci*）。斐波那契在历史上很大一部分的成就都在于他对阿拉伯数字的普及作出了巨大的贡献。与此同时，《计算之书》里也记载了各种五花八门的问题。

◆斐波那契可不仅仅是数列

一提到斐波那契这个名字，很多数学爱好者最先浮现在脑海里的肯定是“斐波那契数列”吧。然而在此之前，我想先给大家介绍一下《计算之书》中记载的问题。

斐波那契深受从西西里岛国王晋升为神圣罗马帝国皇帝腓特烈二世的欣赏，并几度被邀请成为他皇宫的座上客。当他与其他一些宫廷学者辩论的时候，斐波那契展露了其博学多才的一面，但此时有一个学者向他提了一个难题：

假设有 3 个男人，手上分别有不同数量的金币，他们的金币数量分别为金币总数的 $\frac{1}{2}$，$\frac{1}{3}$，$\frac{1}{6}$。现在把所有的金币都放在一起，让他们各自分别取走一定数量的金币并最终不剩下金币。然后将第 1 个男人手持金币的 $\frac{1}{2}$ 返还，第 2 个男人手持金币的 $\frac{1}{3}$ 返还，第 3 个男人手持金币的 $\frac{1}{6}$ 返还，并将他们返还的金币总数量分成三份分给他们。此时，3 人手上的金币数量和原来一样。

请问想要达成这件事情，最少需要多少枚金币（3 人财产的总数）？

宫廷学者提出的这一个难题，如果用正常的算术方法来计算，会非常困难。所以，斐波那契选择了用假设法来解决这个问题。首先，假设第 1 个男人拿了 x 枚金币，第 2 个男人拿了 y 枚金币，第 3 个男人拿了 z 枚金币。那么此时金币的总数量就是 $x+y+z$，他们各自原来持有的数量就是：

$$\frac{(x+y+z)}{2} \quad \frac{(x+y+z)}{3} \quad \frac{(x+y+z)}{6}$$

如此一来，即可推出总数的最小数为：

$$x+y+z=33z+13z+z=47z=47\times6=282$$

由此可以得到，第 1 个人原来拥有 $\frac{282}{2}$ =141 枚金币；第 2 个人原来拥有 $\frac{282}{3}$ =94 枚金币；第 3 个人拥有 $\frac{282}{6}$ =47 枚金币，

即一共有 141+94+47=282 枚。

金币到底有多少枚？

3 人一开始拿金币的枚数

第 1 个男人…x 枚
第 2 个男人…y 枚
第 3 个男人…z 枚

金币的总数 $=x+y+z$

中途放回去的金币

$$\frac{x}{2}+\frac{y}{3}+\frac{z}{6}$$

x 是偶数　y 是 3 的倍数　z 是 6 的倍数

3 人获得数量相等的金币

$$\frac{\frac{x}{2}+\frac{y}{3}+\frac{z}{6}}{3}=\frac{x}{6}+\frac{y}{9}+\frac{z}{18}$$

所以说，3 人各自持有金币的数量是

第 1 个男人… $\frac{x+y+z}{2}=\frac{x}{2}+(\frac{x}{6}+\frac{y}{9}+\frac{z}{18})$
第 2 个男人… $\frac{x+y+z}{3}=\frac{2y}{3}+(\frac{x}{6}+\frac{y}{9}+\frac{z}{18})$
第 3 个男人… $\frac{x+y+z}{6}=\frac{5z}{6}+(\frac{x}{6}+\frac{y}{9}+\frac{z}{18})$

将这 3 个式子乘以 18 以后整理可得

第 1 个男人… $3x=7y+8z$
第 2 个男人… $8y=3x+5z$
第 3 个男人… $13z=y$

由此可得 $x=32z$。
而由于 z 是 6 的倍数，
所以说最小的 $z=6$
进而可以推出

$\because$　$x+y+z=33z+13z+z=47z=282$

$\therefore$ 第 1 个男人… 282 ÷ 2=141 枚
第 2 个男人… 282 ÷ 3=94 枚
第 3 个男人… 282 ÷ 6=47 枚

07 挑战原版的斐波那契数列

◆世上有各种各样的数列

各种各样不可思议的数列

①1，3，5，7，9，11，13…　奇数数列

②2，4，6，8，10，12，14…　偶数数列

③1，4，9，16，25，36，…　n^2 的数列

④1，1，2，3，5，8，13，21，34，55，89，…

请问④是个怎样的数列?

接下来我们就来看看令斐波那契名声大噪的斐波那契数列吧。众所周知，我们把上图所示的这种数字的排列称为“数列”。①是奇数数列；②是偶数数列；③则是 1^2，2^2，3^2，4^2，5^2，…这种形式，所以是 n^2（平方数）的数列。

那么，④是个什么形式的数列呢？如果是第一次看见这个

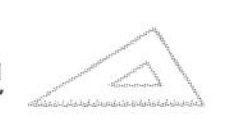

数列，可能会很难判断。在这里我们直接说谜底，那就是这个数列中，“从第 3 项开始，每一项都等于前两项之和”。最先是从“1，1”开始的。

第 3 项 =1+1=2

第 4 项 =1+2=3

第 5 项 =2+3=5

第 6 项 =3+5=8

以此类推，接下来就是 13，21，34，55，89，144，…继续递增下去。

乍一看，你有可能会觉得这不过就是“数学家制作出来的任意的数列”而已，但实际上，人们在自然界发现了很多遵从斐波那契数列规律的东西。此外，许多书籍上都曾介绍过，最能引起美感的黄金比例里也有斐波那契数列的身影。

◆兔子计算与斐波那契数列

据说这种特殊的数列并非斐波那契自己发现的，而是从以前开始就为人们所知的。但即便如此，人们还是称之为斐波那契数列，是因为他在自己所著的《计算之书》中将其以问题的形式记载下来的缘故。

问题：假设有一对（雌雄）兔子，从出生后第2个月起每个月都生一对兔子，小兔子长到第2个月后，每个月又生一对兔子，假如兔子都不死，问过了1年以后，兔子的对数为多少？

随着兔子数量的增加，可以预想到计算会变得很复杂，所以我们不妨对照下面的分布图来思考一下。

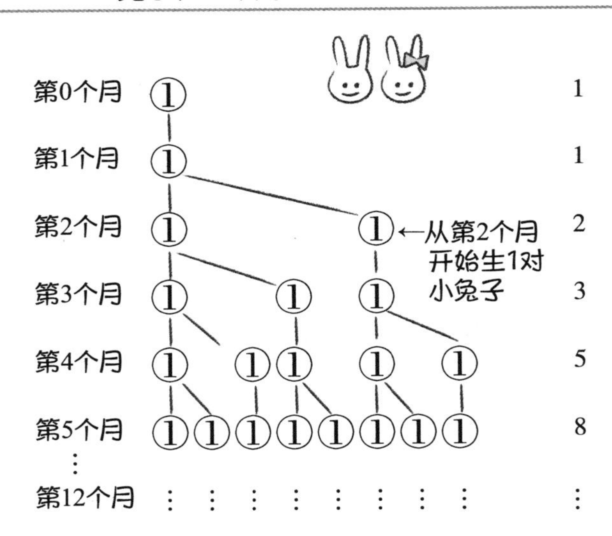

出生以后的这对小兔子，从2个月后开始每个月都生1对兔子宝宝（第1个月后还不生兔子）。而它们于2个月后生下的第一批兔子宝宝们，在下一个月（从开始计算的第3个月后）

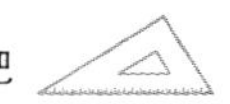

还不生兔子（此时才出生了 1 个月），要等到第 4 个月后才会生下 1 对兔子宝宝。

按照这个逻辑来制作分布图，即如下所示：

第 0 个月……1 对

第 1 个月……1 对

第 2 个月……2 对

第 3 个月……3 对

第 4 个月……5 对

第 5 个月……8 对

按照这个方法排列下去，就会像这样：

1，1，2，3，…

兔子宝宝的增加方式即为斐波那契数列

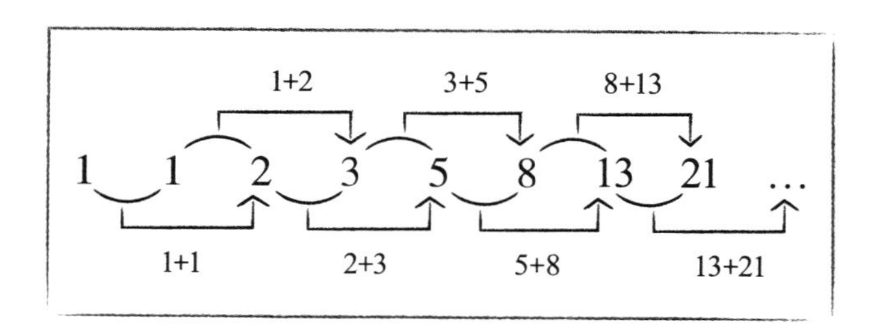

就如同一开始提到的那样，在这个数列中，从第 3 项开始，每一项都等于前两项之和，也就是斐波那契数列。我们还可以

写成：

1＋1＝2，1+2=3，2+3=5，3+5=8，5+8=13 这样的形式，继而可以推断出下一项是8＋13＝21，随后是13＋21＝34，如此往复。顺便提一下，过了 12 个月之后，兔子一共有 233 对。

类似的例子不仅发生在兔子身上，现今人们还发现了向日葵的螺旋形状（种子）便有像 55 个、89 个这样的斐波那契数的存在。

◆ 斐波那契数列和黄金比例

斐波那契数列中，另一个重要的性质，就是与黄金比例之间的关系。黄金比例，在绘画和雕刻中被认为是最理想的比例，数值大概是“1 ： 1.6”。

如下图所示，长方形中的 b ： a 就是黄金比例。接下来，就一起来看看这个数值到底是不是真的是“1 ： 1.6”吧。

如图所示，比例为：

$$(a+b):a=a:b \quad ①$$

所以只要解开这个方程式就能知道答案了。我们只要假设 b 等于 1，然后求出 a 的值即可：

“1 : 1.618”的比例，完美的“黄金比例”

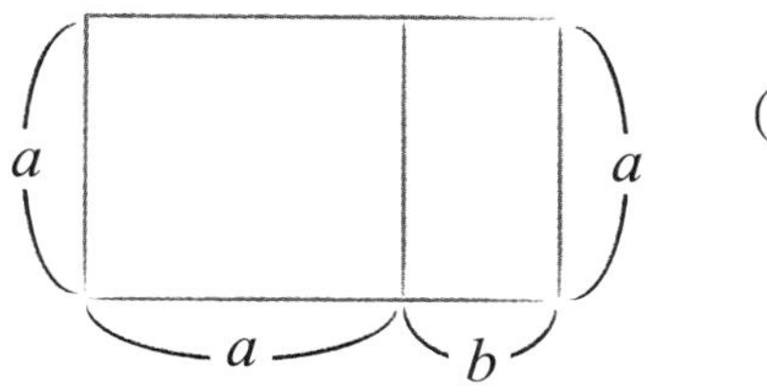

$(a+b):a=a:b$

的长方形

黄金比 $= b:a = 1:1.618\cdots$

$$b:a=1:\frac{1+\sqrt{5}}{2}=1:\frac{1+2.236\cdots}{2}=1:1.618\cdots$$

$b : a=1 : x \quad \rightarrow \quad a=bx$ ②

将②式代入①式可以将①式变形为：

$(bx+b) : bx=bx : b$

将这个式子变形，然后两边都除以 b^2 即可得到下列方程式：

$b^2x^2=b^2x+b^2 \quad \rightarrow \quad x^2=x+1$

再稍微变形一下可以得出：

$x^2-x-1=0$

最后用求根公式求出这个方程的解，即：

$$x=\frac{1+\sqrt{5}}{2}=\frac{1+2.23606\cdots}{2}=1.6180\cdots$$

因为是长度，所以负数解舍弃。这就是黄金比例。

话说回来，如果试着对前文提到的斐波那契数列也以“后

项 ÷ 前项”的形式计算一下即可发现：

$3 \div 2 = 1.5$

$5 \div 3 = 1.6666\cdots$

$8 \div 5 = 1.6$

将斐波那契数列内的数字相除最终可以得出“黄金比例”！

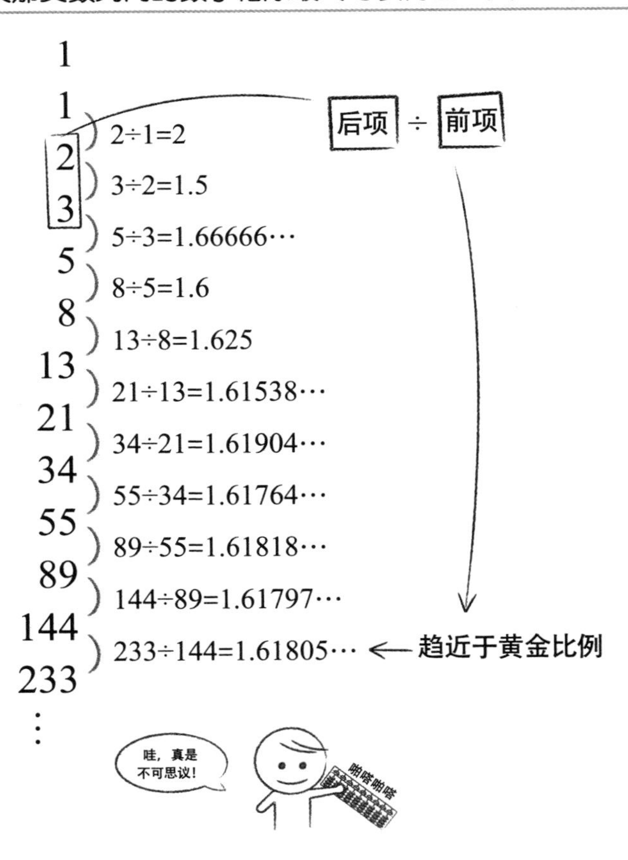

$13 \div 8 = 1.625$

$21 \div 13 = 1.61538\cdots$

可以得知，这个值也是最终趋近于黄金比例的。也就是说，我们竟然从不可思议的斐波那契数列中，推导出了“美”的比例。这又是多么不可思议的一件事啊！

08 不可思议的数字“8”

“八”=B-G？

在日常生活当中，卖肉的店被称为（精）肉店，卖鱼的店被称为鱼店。那么，为什么卖蔬菜的店会被称作“八百屋”[1]呢？大概是因为比起肉和鱼来，蔬菜的种类繁多，所以才取了“八百屋”这个名字吧。

其实，“八”和“八百”这类的词语在日本古语里就是“很多，很大”的意思。如果有人撒了个弥天大谎就会被说成“谎言八百”[2]；航运发达、架桥众多的大阪被称为“八百八桥”；寺庙数不胜数的京都则被称为“八百八寺”；而作为政治经济的中心，有着多如牛毛的街道的江户则有着“八百八町”的美誉。

---

[1] 八百屋，日本专卖蔬菜店一般称作八百屋。——译者注

[2] 谎言八百，意思是谎话连篇，一派胡言。——译者注

再往前追溯，从神话时代开始，“八”就有了“很大”的意思。神话故事中的八咫鸦、八咫镜这类的东西，不论是姿态还是形状，其实都与数字“八”没什么关系，像八咫鸦的脚是 3 只而不是 8 只；八咫镜的尺寸也根本不是 8 尺。这两种表达方式，应该都只是代表着“很大的鸟”“很大的镜子”的意思吧。

可能有些人就会反问：“那八岐大蛇[1]的由来难道不是因为它有 8 个头吗？”可是，在神话中，不正是因为那是一条巨大的蛇（龙），才更突显出须佐之男命实力之强吗？对了，日本还有“八百万神灵”这种说法呢。

此外，还有诸如名古屋市的市徽使用的是将“八”用圆圈围起来的“丸八印”，这正是尾张家的简徽（正式家徽是向日葵）。其寓意是希望名古屋市能够蓬勃发展，其结果当然就是成功“变得繁荣昌盛”了。

名古屋市市章

---

❶ 八岐大蛇，日本传说八岐大蛇被须佐之男斩于剑下。——译者注

不知道大家有没有注意到，把 8 这个数字水平放置以后就变成了“∞”，正是无穷大的意思。由此可见，这一个个的数字里面，都寄托了人们无限的情感。

第 4 章

几何能力可以提升数学能力

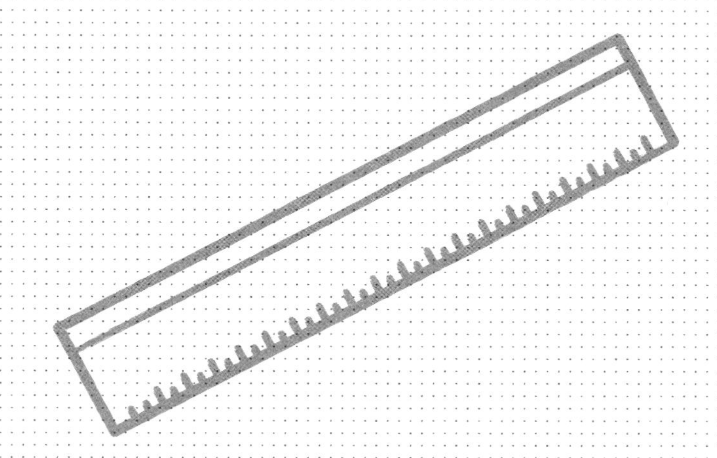

01 迦太基建国背后的故事

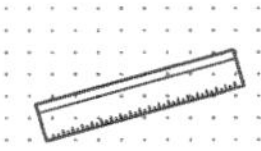

◆曾经与世界第一的罗马帝国争夺霸权的迦太基

迦太基这个名字，在一些世界史爱好者的印象里肯定都是“曾与罗马帝国爆发了 3 次战争的北非国家”吧。古代城市迦太基城的遗址在现在的突尼斯共和国的首都突尼斯城附近，他们与罗马帝国之间爆发的第二次战争（第二次布匿战争）举世闻名。在那次战役当中，迦太基的汉尼拔将军率领着大象军团长途行军，越过了西班牙的比利牛斯山脉和险峻的阿尔卑斯山脉，给了罗马帝国重重的一击。

正如刚才所提到的，“古代城市”迦太基如今只剩下残垣断壁了。战争失败后，迦太基城破，港口街道被罗马军付之一炬，寸草不生。从另一个角度也可以看出，罗马帝国有多么恐惧迦太基帝国的复兴。

说起来，学术界有一种说法是，迦太基建国于特洛伊战

争之前（公元前 12 世纪），公元前 814 年左右。关于迦太基的建国众说纷纭，唯一能够确定的是，这是腓尼基人建立的城市国家。

顺便提一下，腓尼基的殖民地遍布地中海的全体区域，是一片依靠发达的海上贸易而变得繁盛昌盛的地区。他们曾经使用的腓尼基文字，后来也成为了字母之祖。

通过一头牛的皮可以获得的最大领地是多少?

而在这个迦太基的建国物语当中，被称作最古老的数学问题亮相了，因此我们再谈一谈迦太基神话。

迦太基的守护神名为梅尔卡特，他同时也是腓尼基地区最大的城市泰鲁斯的守护神。泰鲁斯的长公主（国王的妹妹）狄多同时也是圣地的女巫。在国王驾崩以后，她的哥哥皮格玛利翁继位，并违背自己的誓言吞并了所有的财产。随即狄多长公主便同自己的支持者一起离开了泰鲁斯，来到了如今的突尼斯共和国附近驻足。随后，狄多长公主找到当地的阿尔伯斯酋长，希望能够从他手中分得一些土地。酋长给了狄多公主一块牛皮，说：

“你们用这块牦牛皮圈土地，我会把圈到的土地给你们的。”

这就是在迦太基神话中登场的可以说是世上最古老的数学问题了。如果是你，这时候你会怎么办呢?

“仅仅一块牦牛皮”能够覆盖的土地面积可想而知，就算得到了那么小的一块土地，连一栋房子也盖不了。狄多却用自己的智慧交出了完美的答卷——“能够获得的部分”，不一定要是“牛皮覆盖的部分”。

首先，她按照约定好的，将那块牦牛皮拿到手中，然后她命随从把它切成一根根细长的皮带卷成牛皮绳。最后成功获得了“牦牛皮绳圈出的土地”，并在那片土地上建了城堡。

然而，即使把一整块牛皮变成牛皮绳，应该也不会变得有多长吧，最多也不过是能得到一个圆形面积的土地而已。那么她到底是怎么获得这么一块能够建筑城堡的土地的呢?

◆狄多利用等周问题来将利益最大化

“假设海岸线是一条直线，那么使用一定长度的绳子可以圈出的最大面积”这个问题也被称作“狄多问题”。比如像海岬这类的地形，只要长度能够将深入海中的部分给截断，就可

以巧妙地解释为“圈住了全体海岬”。无论真正的迦太基的建国神话故事到底是什么样的，狄多问题即使在现代，也的的确确成为了最重要的等周问题之一。等周问题是先知道周长，来求最大面积的问题。

狄多凭借自己的智慧完成了“建国”？

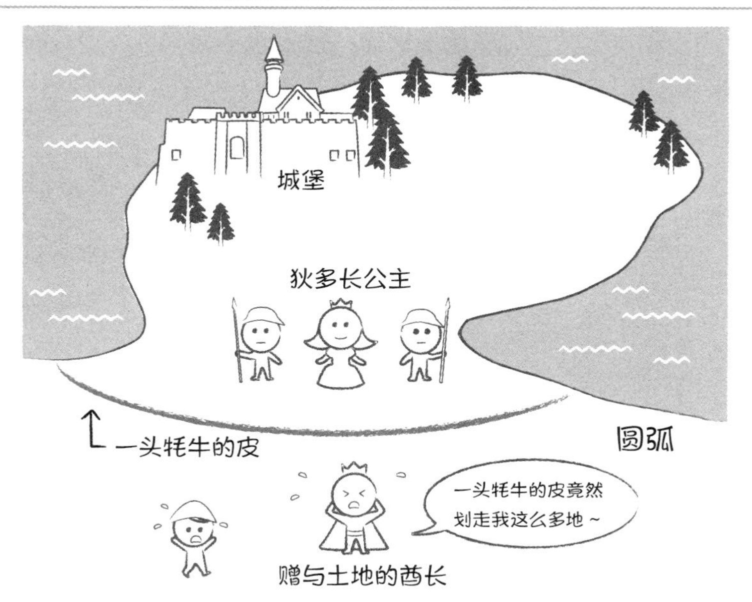

想要“使用绳子来圈取最大的面积”，那就必须要画个圆。如同上图所示，只要能够灵活利用该地形三面环海这个优势，“用圆弧圈取的”，肯定就是完美答卷了。

长公主狄多就是像这样使用一头牦牛皮的量，既不是通过覆盖土地来圈取，也不是通过划圆来圈取，而是灵活地利用海岸线，画了一道完美的圆弧，获得了迦太基最初的建国土地。

02 从天空树、东京塔上可以看多远

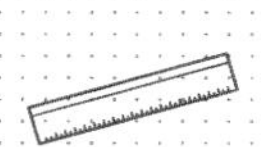

◆利用勾股定理的办法

问题

请比较从东京天空树（634m）、东京塔（333m）和富士山顶上分别能够看多远。此处规定地球半径为 6357km。

2012 年 5 月，东京天空树开业，东京最高建筑随即从东京塔易主天空树。那么，登上东京天空树，到底能够看多远呢？天空树比东京塔高了 300m，所以能够看见的距离应该也会有很大的差距，更别提富士山，肯定是天差地别了。

这种问题应该从何处入手呢？参照下图即可得知，因为地球是个球体，所以无论视野有多好，能够看到的地方也是有限的。最远也只能够看到地平线（水平线）为止。

想要知道从天空树上能够看见的距离

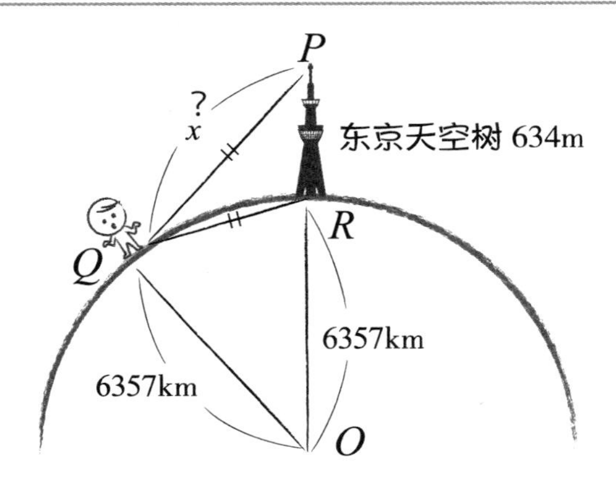

在这里，我们可以应用初中学过的勾股定理来解题。令地球的中心为 O 点，站立的位置为 *P*（如果是东京天空树则为 643m）点，可以看到的最远地点为 *Q* 点，那么 *PQ* 应为这个圆（地球）的切线，而 PQO 三点则组成了一个直角三角形。根据勾股定理可以得知：

$OP^2=OQ^2+PQ^2$

即：

$PQ^2=OP^2-OQ^2$

这样似乎就能求出从天空树能看见的距离了。虽说问题的答案应该是图中的 *RQ* 而不是 *PQ*，但是在这里，我们可以大致认为 *PQ*=*RQ* 吧。

OP 的长度为“东京天空树的高度 + 地球半径”，OQ 的长度为“地球半径”。将具体数字代入可得：

$PQ^2=(0.634+6357)^2-6357^2=8061.0779\cdots\approx8061.078$

由此可得 8061.078 的平方根就是 PQ 的长度：

$PQ=\sqrt{8061.78}\approx89.78\cdots$

最终可以求出，从天空树（634m）上能够看到的最远距离大约是 89.78km，约等于 90km。再以同样的方法来计算一下从东京塔（333m）上能够看到的距离：

$PQ^2=(0.333+6357)^2-6357^2=4233.872\cdots\approx4233.87$

再取平方根：

$\sqrt{PQ^2}=\sqrt{4233.87}=65.068\cdots\approx65.07$

最终可以求出，从东京塔上能够看到的最远距离大约是 65km。

为什么高度仅仅相差 300m，看到的距离却相差 25km 呢

明明高度仅仅相差 300m，能够看到的距离却相差 25km（90−65=25）。具体一点来看，离东京站 90km 的话，大概是

到富士吉田市、箱根芦之湖、热海、房总半岛的南端、桐生附近。65km 的话，则是刚刚到小田原、成田机场、熊谷、秩父、结城附近。

那么，高度是天空树 5 倍以上的富士山又会是什么情况呢？我们再用同样的方法求一次：

$PQ^2=(3.776+6357)^2-6357^2=48022.321\cdots\approx48022.32$

再取平方根应该就能得出从富士山顶能够看到的距离了：

$PQ=\sqrt{48022.32}=2191399\cdots\approx219.14$（km）

大约是 219km。

正同大量的江户名胜留有描绘富士山的浮世绘一样，以前从东京（江户）的各处都能很清楚地看见富士山。因为从富士山到日本桥的距离大约是 100km，轻而易举便可以看到。

◆证明了“地球是圆的”？

地球并非一个规则的球体，而是一个南北两极稍扁的椭圆形（赤道比两极稍长）球体。赤道的半径是 6378km，两极的半径是 6356km。

米制[1]是于法国大革命后的 1799 年制定的，即测定“穿过巴黎的子午线从北极到赤道的距离”，并定其为 10000km。假设地球是圆的，那么就应该有：

$$\frac{2\pi R}{4}=10000$$

以此可以求出 R：

$$R=10000\times\frac{4}{2\pi}=\frac{20000}{\pi}=6366.19\cdots$$

也就是说，如果认为现在的数值大约是 6356.8km 的话，那么实际的误差竟小于 0.2%。

法国为了测定这个数值居然设立了专门的国家级机构——经度局。要以当时的测量技术，再考虑到需要实地从北极点测量到赤道（子午线），其中之艰险（有山有谷有海），可见一斑。

[1] 米制，也称公制。——译者注

03 水位计帮助埃拉托斯特尼完成伟大的发现

◆从前的人们也意识到了“地球是圆的”这件事吗?

在科技发达的现代，地球并非平面而是圆形的这件事已经是人尽皆知的常识了。无论是学校的授课，还是人工卫星拍摄的圆形蓝色地球照片，都在告诉着我们这样一个坚定不移的事实。

然而，在古代却并非如此。在没有人工卫星拍摄照片的时代里，想要得出“地球不是圆的吗”这样一个推论定是难能可贵的吧。但即便如此，还是有很多人直觉认为地球是“圆的”，比如船员或者是在港口迎来送往的那些人们。

帆船上的桅杆一般都特别高：当今日本的大型风帆训练舰——海王丸的主桅杆的最高点距离海面高达 46m；江户时代的菱垣回船[1]——浪华丸的船桅高约 27m；中世纪的几艘巨型

---

[1] 菱垣回船，又称桧垣回船。

帆船的桅杆均高达约 30m。

那么站在桅杆上面能够看到多远呢？使用上一小节的公式，我们可以求出如果桅杆的高度为 30m，那么最远应该可以看到 20km 的地方。人们通过这种方法来感受“地球是圆的”，真是太不可思议了。

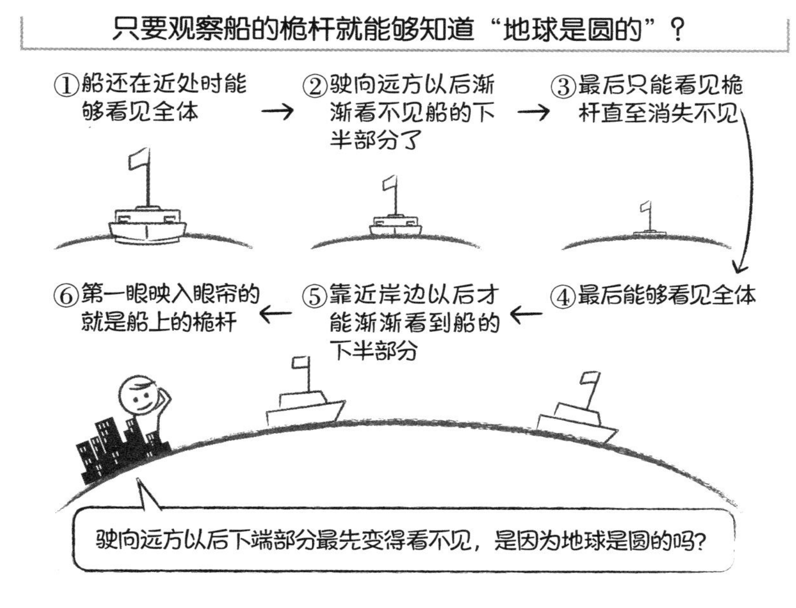

◆ 埃拉托斯特尼测量地球的大小

之所以花了这么多篇幅来讲述这件事，是因为如果没有人认为地球是圆的话，那么肯定也不会有人“想要测量地球的大小”。世界上最早估算出地球大小的人是埃拉托斯特尼，是生活于公元前 3 世纪托勒密王朝的古埃及人。他是阿基米德的朋友，也是亚历山大图书馆[1]当仁不让的馆长。他研究出的寻找素数的埃拉托斯特尼筛法非常有名。

他在地理学方面的成就是，绘制了当时已知世界上最完整的地图。他想的是要动员亚历山大图书馆所有的藏书知识来绘制这张地图。当时世界的三大文化中心分别是雅典、亚历山大和罗德岛。埃拉托斯特尼想要在地图上将处于中心的子午线、亚历山大和罗德岛用线连接起来也是理所当然之举。但是要绘制地图，就必须要绘制子午线（经线）和纬线，所以就必须要知道地球的大小。那么，他到底是如何测量出地球的大小的呢？

原来，埃拉托斯特尼得知了在夏至日的正午，阳光能够直射入位于尼罗河上游的城市赛伊尼（现在的阿斯旺）的象岛的一口井底而无阴影这件事。虽然如今阿斯旺的位置位于北回归线稍微偏北一点（北回归线每年都在以很慢的速度移动），但是在那个时代应该是正好在北回归线上的吧。

---

[1] 亚历山大图书馆已于公元 3 世纪末被毁。——译者注

得知这件事的埃拉托斯特尼立马就想出了测量地球大小的方法：只需要在夏至日的正午，测出与象岛同在子午线上亚历山大图书馆的太阳高度角，然后测出两地距离即可。

而这个距离是个已知数，制作地图的基础资料中就有。从亚历山大图书馆到阿斯旺的距离是 5000 斯达地[1]，夏至时的太阳高度角为 82.8°。如果假设地球半径为 R 的话，那么：

$\theta=90°-82.8°=7.2°$

虽说在当时还没有弧度（弧度测量中的角度单位）这个概念，但是可以知道的是：

7.2 ： 360＝1 ： 50

由此可以得知地球的周长是：

50×5000＝250000（斯达地）

斯达地这个古代的长度单位根据时代和地方不同，数值也有差别。有的地方 1 斯达地是 185m（阿提卡斯达地），有的地方是 157.5m（埃及斯达地）。如果取后者 157.5m 来计算的话：

地球的周长＝250000×157.5（m）＝39375（km）

现代的测量值通常人们认为是 39941km，二者竟惊人地相差

[1] 斯达地是古希腊长度单位，指体育场的长度。——译者注

无几。如果使用前者 185m 的数值来计算则可以得出 46250km，这个数值也相当准确了。

利用“角度”来测量地球的大小

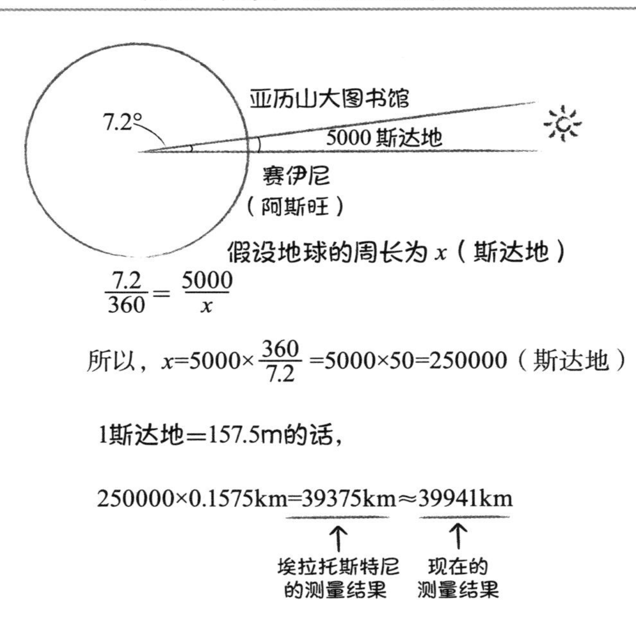

◆多亏了有预测尼罗河泛滥的水位计的存在

其实，当时埃拉托斯特尼在计算测量的时候，经历了两个难题。第一个是象岛并非在经过亚历山大图书馆的那一条子午线上，而是偏移了东经 3° 左右。另一个是想要测量两地间的距

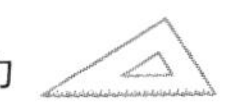

离比较困难。

基本上来说，都必须要沿着尼罗河来测量之后，再到沙漠中去测量来补充数据。然而幸运的是，由于尼罗河每年都会泛滥，所以据说在潮水退去以后，反复测量土地距离已经成为了行政上的惯例了。而这座岛上既有着掌管尼罗河的克奴姆神的神殿，而且在周围还放置了大量的测量尼罗河水位的水位计。这些水位计的存在，一定也帮了埃拉托斯特尼不小的忙吧。

04 如何测量金字塔的高度

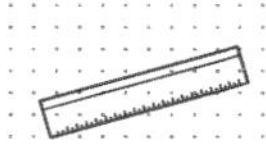

◆使用等腰直角三角形来测量大树的高度

大家平时看到高层大厦的时候，应该有过想知道大概的高度的念头吧。如果是一栋 10 层的住宅大楼，那么假设一层大约是 3m 的话，建筑高度大概会是 30m。虽然不一定完全准确，但也八九不离十。

然而想要知道大树的高度就没那么容易了,那该怎么办呢?《尘劫记》中就记载着这种测量的办法。翻开此书，找到“衡量立木之长”这一章，即可找到详细的附有图解的测量大树高度的方法。

而让你瞬间成为测量达人，需要的不过是一张纸而已。取一张纸将其按照对角线对折，制作出一个等腰直角三角形。如此，纸就有了一个 45° 角。这样就可以利用纸这个小的等边直角三角形和在其延长线上的那个大的等腰直角三角形的“相似”

关系来求出大树的高度了。

请参照下图：找到可以在水平面和 45° 角延长线刚好跟大树顶端重合的地方。

通过“相似”的关系来测量大树高度的智慧

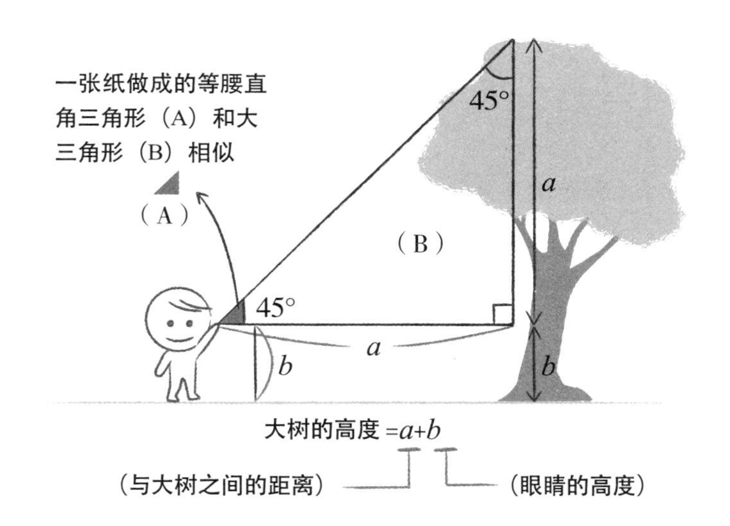

如此一来就可以得到“大树的高度 $=a+b$”。“$b=$ 纸的高度”，“$a=$ 人与大树之间的距离”，所以不必爬上大树去亲自测量，仅在平地上就能够轻而易举地测量出大树的高度。

一张纸虽小，但不可小觑。仅仅利用这样一张纸制作的 45° 角的等腰直角三角形，就能够达到“高度 = 距离”这样的转换了。

◆如果是更高的东西呢?

无法简单地“使用纸的相似”来测量的例子也有。比如站立地点离需要测定的建筑的距离过远，难以测量；或者是测定的物体是山一类的，必须要走进去才能够测量。

接下来的这个问题就是这样：

问题

现在想要测量坐落于埃及吉萨的胡夫金字塔的高度。金字塔的底座有东西南北四个朝向。希望你运用自己的智慧来思考一下到底要如何测量呢?

世上流传着好几个版本的测量金字塔高度的故事，其中最有名的还要数泰勒斯（公元前624~公元前546年）的故事了。泰勒斯是著名的古希腊时期科学家和哲学家。但是，他究竟是如何测量出胡夫金字塔高度的，很遗憾，具体的方法并未被记载在册。

一般来说，人们都认为是“他通过测量在沙漠中自己影子的长度做比较，成功测定出了金字塔的高度”（也有一种说法是说他测量木棍的影子，但不管是哪一种，大概都是后人编造的吧）。

◆测量金字塔高度所花的功夫

考虑到吉萨的金字塔周围基本上都是一望无际的沙漠，所以金字塔的影子能够很清晰地投影到沙漠中。那么泰勒斯是怎么做的呢？他一直看着自己的影子，一直等到“身高 = 影子的长度”的时间，然后直接测量金字塔影子的长度（= 高度）就能够轻松完成了吧。

通过影子来求金字塔的高度

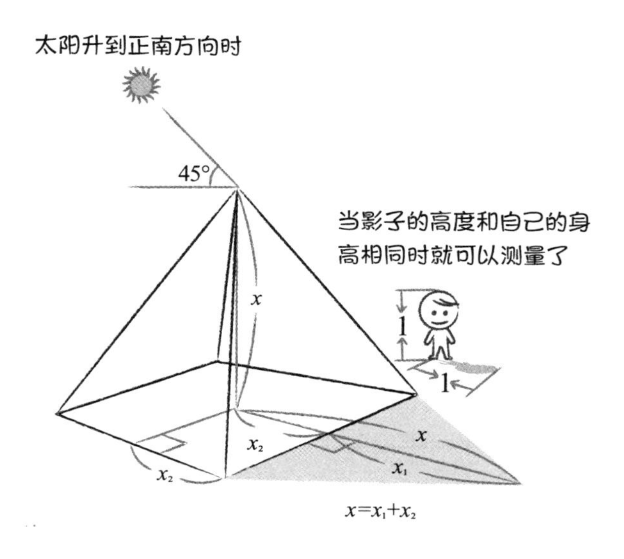

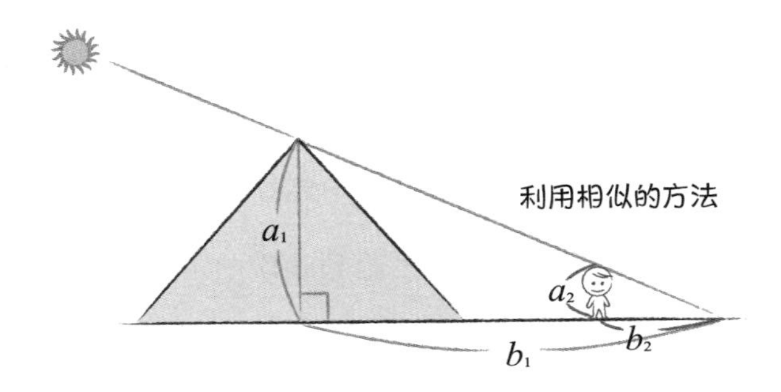

由 $a_1:b_1=a_2:b_2$ 可得

金字塔的高度 $$a_1=\frac{a_2 \cdot b_1}{b_2}$$

但是，其中有一个问题就是，大部分的影子都被金字塔给遮住了。所以说，必须要在站立的地点和时间上花点功夫。

首先，胡夫金字塔的正方形底座有东西南北四个朝向，那么只要等到吉萨这个地方“太阳升到正南方向，而且太阳高度角正好是 45°”的时候，应该就能生出与金字塔底边垂直的影子（= 金字塔的高度）了。此时只需要将从底座伸出的影子长度 x_1 加上底边长度的一半 x_2，即可测出金字塔的高度了。

但是，太阳升到“正南且高度为 45°”（正南时的太阳高度角即为 45° 角）这种事情可并非家常便饭说有就有的。而且应该也不太可能正好就在泰勒斯游览埃及的时候吧。

所以，实际可行的操作应该是，当太阳升到正南方位的时候（因为需要得到与金字塔一边相垂直的影子），无论太阳高度角如何，测量彼时金字塔的影子和自己影子的长度，这样的话就可以得到这个比例来求出金字塔的高度：

自己的身高：自己的影子长度 = 金字塔的高度：金字塔影子的长度

换而言之就是利用了三角形相似的原理。用这样的方法求出金字塔高度的可行性应该大了很多吧。

05 用夹角测量……也可行

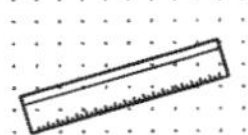

◆ 使用两地点间的夹角来测量高度的方法

无论是泰勒斯测量金字塔高度的方法，还是《尘劫记》中记载的测量大树高度的方法，都是人静止不动，利用1次测量来求出高度。接下来，就来思考一下使用2次测量的测定方法吧。

问题

假设现在有一座高塔在夹角30°可见的位置。现在朝着那个塔笔直地走近480m，夹角就变成45°了。请问这座塔地高度大概是多少米？

想要解答这个问题，希望大家可以先看一下下一页的2个直角三角形。首先，当直角三角形除直角以外的两个角分别为45°、60°和30°的时候，三边关系如图所示。如果不记得这个关系，那么即使知道夹角也无法解开这道题，所以希望大家能够记住。

三角形和长度的关系是?

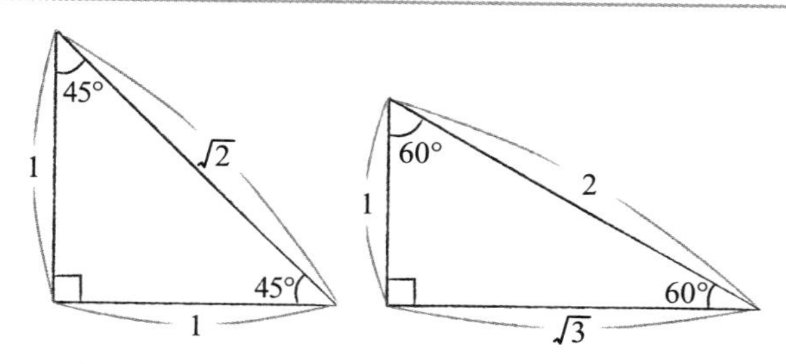

因为分别是从夹角为 30° 和 45° 的地点看的高塔，加上一共走了 480m 的距离，所以由图可知：

$1:\sqrt{3}=x:(x+480)$

求解可得大约是 655m。也就是说，这座高塔就是东京的天空树，这样就不用专门再去测量到这座塔为止的距离了。

通过两个地点的夹角来求高度的启发

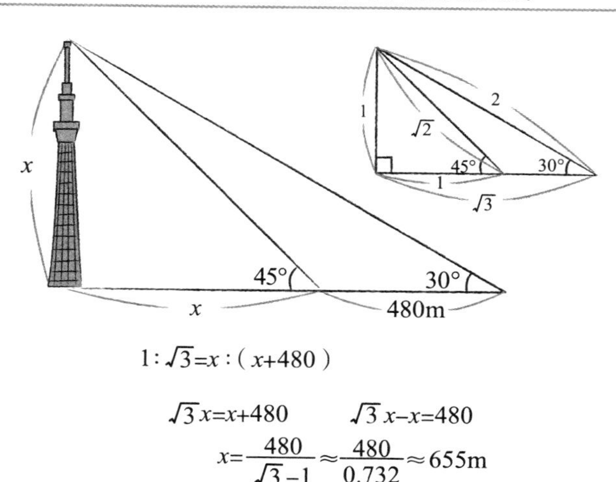

也能测量富士山吗?

使用这个方法，从理论上来说也可以通过两个夹角来求出富士山的高度。像之前的天空树一样，先找到夹角为 30° 的地点，然后再笔直地向富士山方向移动至 45° 夹角的地点。那么应该就能够用同样的方法求出富士山的高度了。

但是，这种方法实际操作起来非常难。原因就是，假设 C 点是夹角 30° 的地点，D 点是夹角 45° 的地点，那么从 $C \rightarrow D$ 需要朝着富士山方向行进数千米才行。而 D、C 两点的海拔却不一定相同。至少从地图上来看，并非像在天空树一样水平移动 480m，而是需要爬山，所以不可能没有海拔差。

能够用同样的方法测量富士山吗?

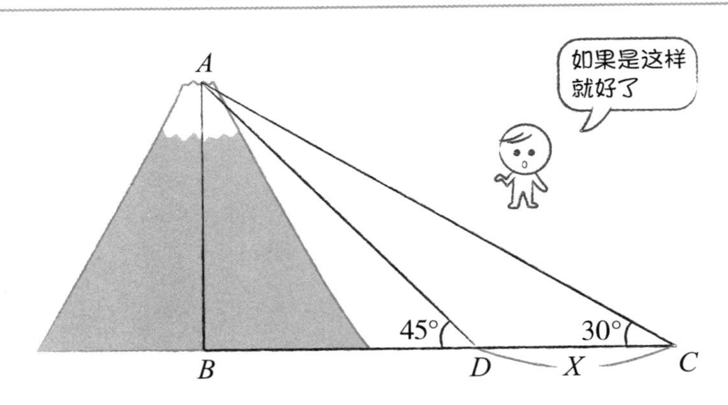

如果D和C的海拔差为0则可测定

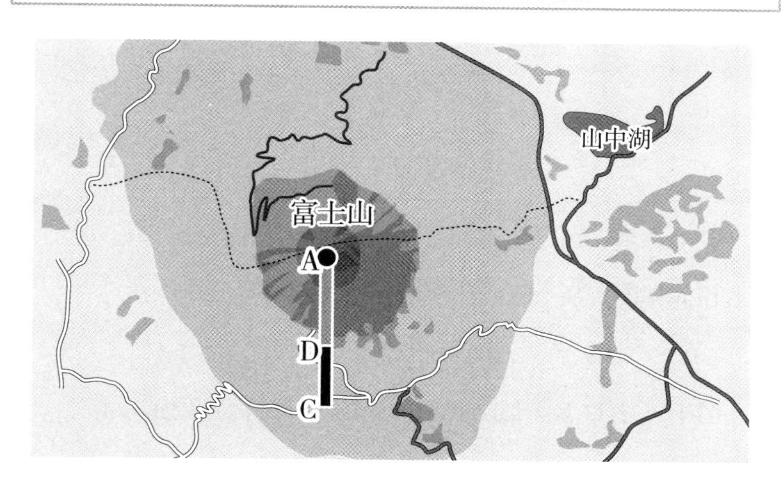

解答这种题目时，同时还要考虑这种现实的因素真的是其乐无穷呢。

06 北海道和东京 23 区的肚脐在哪儿

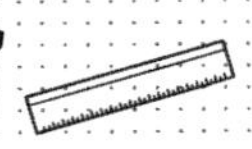

◆街道的振兴关键在于“肚脐在哪儿”

在日本有许多类似“我们的街道处于北海道的正中心”“日本的肚脐说的就是我们村子”这样的故乡自豪感。大多数的场合，大家都只是凭感觉说的这个“正中心”，如果附近的村子执意主张说“我们村子才在正中心……”那也没有办法。所以必须要拿出一些“证据”，总不能制作一些丝毫没有说服力的“特产——日本的肚脐馒头”出来吧。

虽说从地理位置上看到的中心有很多个，但是一般来说都是以“重心”（“重力中心”的简称）为准。三角形一共有内心、外心、垂心、重心这四个中心，但是要说起地理位置的肚脐，那可就非“重心”莫属了。

最简单的三角形的情况，三个顶点分别与对边中点的连线最终将会交于一点，这就是所谓的“重心”。只有在这一点上

才可以使各处保持平衡，所以称作“肚脐”也无可厚非了。

找出肚脐（中心）需要……

三角县的肚脐是重心所在的“ 肚脐村 ”

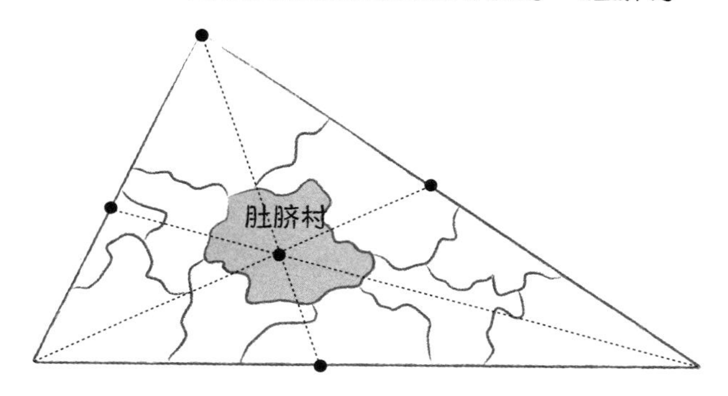

在实际寻找县和街道的中心的时候，肯定不会是像“取三边的中点，与顶点相连……”这样单纯的土地划分。想要简单地测出重心（肚脐）所在，需要使用锥子。

◆简单推断出肚脐的方法

第一种方法是将地形图贴在类似硬纸板上，然后用指尖或者锥子之类的东西来拖住这个硬纸板，试着找出地形图中最平衡的那一点。能够保持平衡的那一点即为重心，所以届时大家就可以堂堂正正地说“我们的街道是 ×× 县的肚脐”。

然而，仅使用锥子就想找出平衡点的难度极大且准确度不高。接下来看看第二种方法。这种方法也是要将地形图贴在类似硬纸板上，然后用锥子在上面打数个小孔，再用棉线穿过小孔，最后利用棉线在硬纸板上画线。只需要打2个以上的孔，然后以这种方法求出交点即可。

还可以通过两根棉线来求取重心

① 在硬纸板上打2个小孔，使棉线垂直以后沿着棉线画线

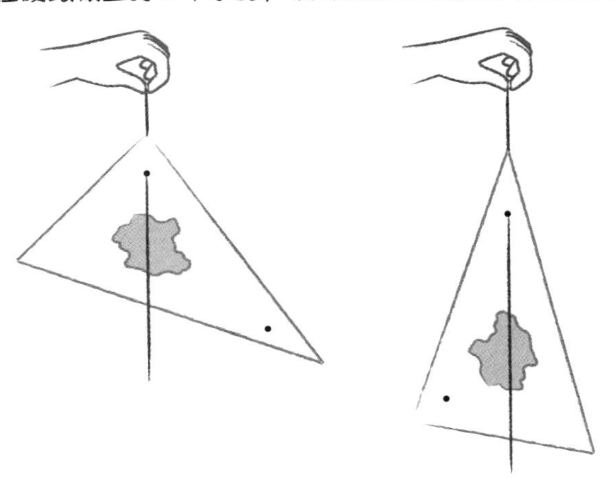

② 2条线的交点即为“重心=肚脐”

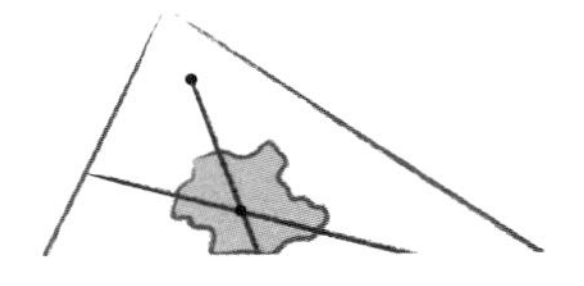

万一运气不好，重心的位置并非自己的故乡，而是跑到其

他地方去了，那该怎么办呢？我还有一个妙招，比如像埼玉县那样西边有连绵的山脉，那就不妨在地形图上增加一下山脉所占面积之后再试试吧。

第5章

让人绞尽脑汁的覆面算、虫蚀算、小町算

01 看到车牌号码就想要将其算成10的心理

◆ 无论何地都想算成10

我开车的时候，每次看到前面的车牌时，都会不可思议地被吸引，总是会想能不能用那4个数字“算成一个10呢”？

那么，本小节就来试试用4个数字算成10吧。规定是不使用次方和开根号等烦琐的方法，仅仅使用“四则运算（加减乘除）和带括号的计算”，而且可以以任意顺序来使用数字。但是，只能使用1~9的数字。即使成功地算出了一次10，还有很多种算法哟。

现在我们试着用“1，2，3，4”这4个数字来举例。其实只要单纯地加起来就好了：

1 2 3 4 → $1+2+3+4=10$

其他的方法还有：

1 2 3 4 → $1\times(2\times3+4)=10$

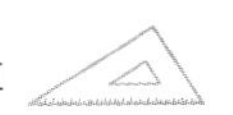

如此这般，解法繁多。

使用4个数字来算“10”

（1）1 2 5 6	（5）2 2 3 4
（2）1 2 8 9	（6）1 3 4 5
（3）7 7 7 8	（7）2 2 8 9
（4）9 9 9 9	（8）2 3 9 9

1 2 3 4 → $1 \times 2 \times 3 + 4 = 10$

1 2 3 4 → $1 \times 4 + 2 \times 3 = 10$

1 2 3 4 → $1 \times (3 \times 4 - 2) = 10$

1 2 3 4 → $2 + 4 \times (3 - 1) = 10$

1 2 3 4 → $2 \times 4 + 3 - 1 = 10$

接下来请大家思考一下以上 8 个问题的不同解法（之后将会为大家奉上笔者思考的答案）。

（1）的解法有很多，而想要把（4）的数字拼成 10 就需要真本事了，给大家的小提示是“除了减法，其他都要用”。

请大家一定要挑战一下这些问题。

使用4个数字来算“10”

(1) 1 2 5 6

$1-2+5+6=10$t

$\frac{5\times6}{1+2}=10$

$5\times\left(\frac{6}{2}-1\right)=10$

$\frac{2}{\frac{6}{5}-1}=10$

$\frac{6}{1-\frac{2}{5}}=10$

(2) 1 2 8 9

$1\times(2\times9-8)=10$

(3) 7 7 7 8

$8+\frac{7+7}{7}=10$

(4) 9 9 9 9

$\frac{9\times9+9}{9}=10$

(5) 2 2 3 4

$(2+3)\times\frac{4}{2}=10$

$2\times\left(3+\frac{4}{2}\right)=10$

(6) 1 3 4 5

$\frac{4}{1-\frac{3}{5}}=10$

(7) 2 2 8 9

$2\times\left(9-\frac{8}{2}\right)=10$

(8) 2 3 9 9

$9+\frac{9}{3}-2=10$

02 使用 4 个“4”来动动脑筋

◆ 能不能拼凑出 0~10 呢?

科学杂志《知识》在 1881 年 12 月 31 日刊中，刊登了一篇“4 个 4”的问答版面。问题的详细内容是：使用 4 个数字 4，然后运用任意数学符号，来尽可能多地拼凑数字（自然数）。

在十年之后的 1891 年，数学家劳斯·鲍尔在自己的著作中，发表了其能够拼凑从 1~1000 为止的所有自然数，除了 9 个数字以外（113、157、878、881、893、917、943、946、947）。彼时，他使用的数学符号是加减乘除、括号、累乘、平方根、阶乘、小数点、循环小数表示循环节的循环点。

那么，我也希望大家能够挑战一下 19 世纪杂志《知识》上的这个问题，试着使用 4 个“4”来拼凑成 1~10 吧。我会给每个数字写出一种例子。此外，“44”的这种使用方法也是可以的哦。

使用4个“4”来拼凑出0~10

为了给大家做参考，每个数字都列出了一个例子。希望大家可以按照这种思路再想出其他的办法来使用4个“4”拼凑出0~10。

+−×÷、( )、根号、平方、阶乘(!)，还有将数字像“44”这样组合起来的方法都可以。

阶乘（!）的计算方法，指的是像4！=4×3×2×1这样，所有小于及等于该数的正整数的积。所以，下列“5”的计算为“（44−4×3×2×1）÷4=（44−24）÷4”的意思。

$0=4+4-4-4$

$1=4\times\frac{4}{4\times4}$

$2=\frac{4}{4}+\frac{4}{4}$

$3=\frac{4+4+4}{4}$

$4=4+4\times(4-4)$

$5=\frac{44-4!}{4}$

※$4!=4\times3\times2\times1$

$6=4+\frac{4+4}{4}$

$7=4+4-\frac{4}{4}$

$8=4+4+4-4$

$9=4+4+\frac{4}{4}$

$10=\frac{44-4}{4}$

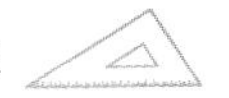

此外，如果想要使用小数点，因为不能使用 0 这个数字，所以利用“.4”来代表“0.4”也是可以的。

接下来，就为大家揭示一下“4 个 4”问题的其他答案。

首先数字 0，在例子里的算法是（4+4−4−4）这样简单的算法，其实还有下列的这种方法也可以：

$$0=4\times\frac{4}{4}-4$$

同样利用这种方法，也可以得出“1”来：

$$1=4+\frac{4}{4}-4$$

数字 2 的话,除了例子以外还准备了 2 个答案。不过要用到“4 个 4”的这种表示方法：

$$2=4-\frac{4+4}{4}=\frac{44+4}{4!}$$

数字 3 的解法与例子有点相似：

$$3=\frac{4\times4+4}{4}$$

至于数字 4，这里试着用一下阶乘（！）的算法。“4！”读作“4 的阶乘”，数值是 4 × 3 × 2 × 1 = 24。所以：

$$4=4!+4!-44$$

数字 5，只需要把数字 3 的另一种解法中的减法换成加法就可以得到了：

$$5=\frac{4\times4+4}{4}$$

数字 6 这里试着用了一下小数点：

$$6=4.4+4\times.4$$

数字 7 和 8 就比较简单了：

$$7=\frac{44}{4}-4 \qquad 8=4\times\frac{4}{4}+4$$

数字 9 和 10 试着用了根号（平方根）的方法。特别是数字 10，十分难以下手。

$$9=\frac{44}{4}-\sqrt{4} \qquad 10=4+4+4-\sqrt{4}=\sqrt{4\times4\times4}+\sqrt{4}$$

接下来希望大家可以试一试“拼凑出 11~20”的问题（附有例题）。每个数字都需要花费一番功夫哦。

使用4个“4”拼凑出11~20

如下列例题所示，请思考一下如何用 4 个“4”来算出数字 11~20 吧。+− × ÷、（ ）、根号、平方、阶乘（！），还有将数字像“44”这样组合起来的方法都可以。

$$11=\frac{4}{4}+\frac{4}{.4} \qquad 12=4+4+\sqrt{4\times4}$$

※“.4”代表 0.4

$$13=\frac{44}{4}+\sqrt{4} \qquad 14=4+4+4+\sqrt{4}$$

$15=\frac{44}{4}+4$　　　　$16=4+4+4+4$

$17=\frac{44+4!}{4}$　　　　$18=4\times4+\frac{4}{\sqrt{4}}$

$19=4!-4\frac{4}{4}$　　　　$20=\frac{44-4}{\sqrt{4}}$

※ $4!=4\times3\times2\times1$

答案请参照本书末尾

03 小町算是从凄美爱情中诞生的吗

◆使用 1~9 的数字来拼凑出 100

世界三大美女家喻户晓，那就是埃及艳后、杨贵妃和小野小町。传闻一个名为深草的少将倾慕小野小町，连续九十九晚都按照约定与其相会，最后才萌生了“小町算”。小町算是一个“分别使用一次 1~9 的数字，经过运算得到 99”的计算问题。也可以使用类似 48 或者 123 这种将数字组合起来的方式。但是，现代人们更多会去计算 100 而不是 99，本书亦如此。

此外，还不能改变 1~9 数字的顺序，所以到底是用 1，2，3，…这样逐渐变大的正向顺序，还是用 9，8，7，…这样逐渐变小的逆向顺序也是一个需要思考的地方。可以使用的符号也多被限定为加减乘除和括号。

因为即使把这九个数字全部加起来也只有 45，所以重点在于要能够活用 2 位数、3 位数的组合来解答。

对了，仅使用“+”和“-”计算 100 的方法和使用“×”的方法已经记载到了第 143~144 页。除此之外，还有很多种方法，希望大家可以开动一下脑筋哦。

深草少将约定与小町相会一百个夜晚，可是……

◆ 小町算从何而来?

前文已经提到过为什么会有小町算，然而，关于这件事其实并没有定论。

于宽保三年（1743）出版的中根彦循先生所著的《勘者御伽双纸》中，记载了关于小町算共 163 句的长篇诗歌。其中内

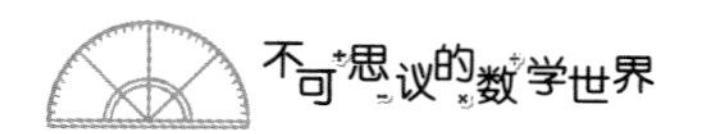

容表达了希望人们都能长生到99岁的美好祝福，以及使用数字1~10（汉字数字的一，二，三……十）来算出99的方法。因为并非式子而是诗歌的形式，所以能够赋予数字各种寓意来推导。

$1\times7+2\times8+3\times9+10\times4=90$

因为古时候4，7，9的日语发音分别是“Yoyo（哟哟）”“Nana（娜娜）”“Koko（括括）”（重音），所以加上重复的这部分4+7+9=20，可以得到：

$90+20=110$

再减去没有用到的数字5和6可以得出：

$110-(5+6)=99$

同样的方法，也记载于元禄11年（1698）出版的，田中由真先生所著的《杂集求笑算法》的一篇名为“通小町九十九夜”的文章中。然而日本和算之始祖《尘劫记》中并未有相关记载，不知是因为时人认为小町算并非一些基础知识，还是因为作者当时正在构思，所以未曾记载呢？

心中一直想着“相会百夜所愿成真”这个约定的深草少将，已经坚持与住在京都山科的小野小町相会了九十九个夜晚了。悲剧的是第一百日的这个夜晚大雪皑皑，深草少将在前往小町

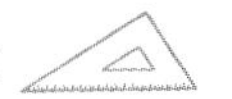

住所的途中不幸遇难了。遗憾的是，这个凄美的传说貌似与小町算的诞生并没有什么关系。

仅使用加法和减法的“小町算”

1）$123 - 45 - 67 + 89 = 100$

2）$123 + 45 - 67 + 8 - 9 = 100$

3）$123 + 4 - 5 + 67 - 89 = 100$

4）$123 - 4 - 5 - 6 - 7 + 8 - 9 = 100$

5）$12 + 3 + 4 + 5 - 6 - 7 + 89 = 100$

6）$12 - 3 - 4 + 5 - 6 + 7 + 89 = 100$

7）$12 + 3 - 4 + 5 + 67 + 8 + 9 = 100$

8）$1 + 23 - 4 + 56 + 7 + 8 + 9 = 100$

9）$1 + 23 - 4 + 5 + 6 + 78 - 9 = 100$

10）$1 + 2 + 34 - 5 + 67 - 8 + 9 = 100$

11）$1 + 2 + 3 - 4 + 5 + 6 + 78 + 9 = 100$

12）$-1 + 2 - 3 + 4 + 5 + 6 + 78 + 9 = 100$

加上乘法使用的“小町算”

13）$(1+2-3-4)\times(5-6-7-8-9)$

$=-4\times(-25)=100$

14）$1+234-56-7-8\times9=100$

15）$1+234\times5\div6-7-89=100$

16）$1\times234+5-67-8\times9=100$

17）$12+3\times45+6\times7-89=100$

18）$1+2\times34-56+78+9=100$

19）$123+4\times5-6\times7+8-9=100$

20）$12+3\times4-5-6+78+9=100$

21）$12+3\times4+5+6+7\times8+9=100$

22）$12-3-4+5\times6+7\times8+9=100$

23）$1+2\times3+4\times5-6+7+8\times9=100$

24）$1\times2\times3-4\times5+6\times7+8\times9=100$

25）$1\times2\times3\times4+5+6+7\times8+9=100$

26）$1+2+3+4+5+6+7+8\times9=100$

27）$(1+2)\times34+(5+6)\times(7-8)+9=100$

04 杜德耐的覆面算

◆往“相同的文字中带入相同的数字”

覆面算是用文字来取代 0~9 的数字组成的计算式。如下页图中所示，E 有 3 处，O、M、N 分别有 2 处，这些字母分别可以带入与之对应的数字。当然，不同的文字代表不同的数字，是在这种规则下找回那些字母代表的数字的一种益智游戏。虽说一开始并不知道具体对应的数字是什么，但是因为有迹可循，所以可以通过逻辑思考来一层层抽丝剥茧，逐渐掀开这些覆面（文字）。

接下来的这一个覆面算“SEND＋MORE＝MONEY”是英国的谜题家杜德耐（1857—1930）创作出来的，可以说是覆面算中家喻户晓的里程碑式的作品。覆面算所求并非只是单纯将文字摆放到一起，而是要打磨出像“SEND MORE MONEY（给我更多的钱）”这样含有机智寓意的“作品”。接下来就赶紧来尝试一下吧。

首先观察计算式可以得知，这是两个 4 位数相加，结果增加了 1 位数。

覆面算的规则是“相同的文字 = 相同的数字”

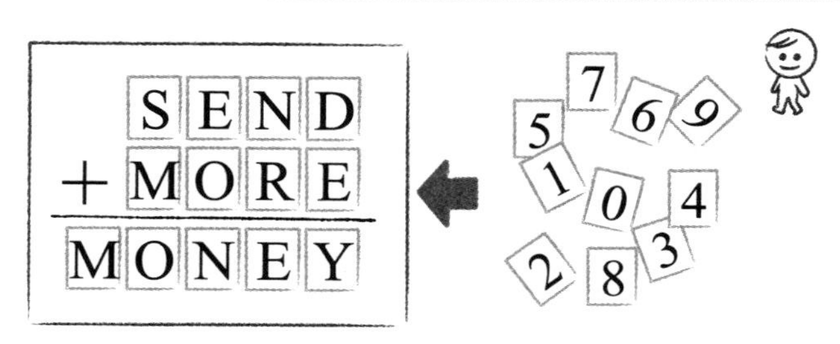

①带入 0~9 的数字
②相同的文字对应相同的数字

毫无疑问，进了一位，所以 M=1。这是解答覆面算的第一个线索。由 M=1 可以推出 S+M=S+1。也就是说，S 是一个加上数字 1 就能进一位的数字，所以 S 只能是数字 8 或 9（如果前面一位可以进位的话，S=8 也是没问题的）。

因为发生了进位，所以 SE+MO 的最大值应该为 98+18=116，再因为 $O \neq M=1$ 且不可能比 2 大，所以可以推测出 O=0。而知道了 MO=10 以后，再考虑到进位，便可得出 S=9。

接下来由于 O=0 且 $E \neq N$，可以得知此处又发生了进位，即 N=（E+1）+0=E+1。再根据计算式可以得知 N+R=10N+E 或者是 10N+E+1（有可能后面又会有进位），再将 N=E+1 带

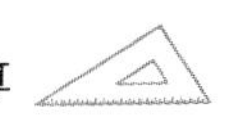

入其中可得 R 为数字 8 或 9。因为 9 已经是字母 S 了，所以可以推出 R=8。

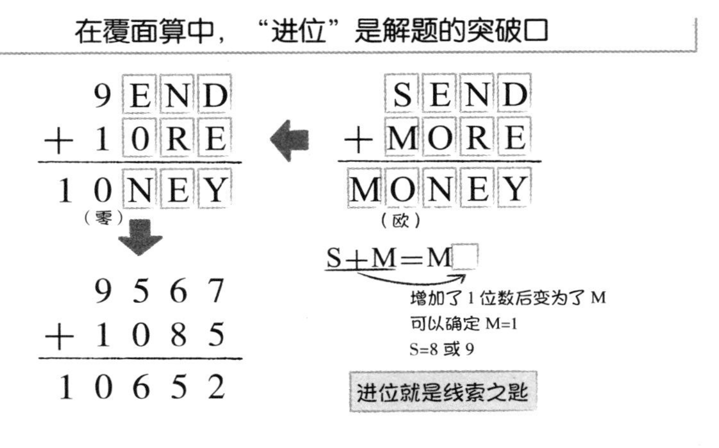

然后通过观察计算式可以看出，E 很醒目地占了 3 个地方，那么只要再把目前已经确定了的数字 0，1，8，9 以外的数字带入 E 和 N 一试便知。有 E=2，3，5，6，7 和 N=E+1 这两个条件，只要确定了一个地方，就能够推出 4 个地方，所以只需要使用简单的排除法便可得出上述的答案了。

虽说看着这样的文字描述会感觉很难，但是其实只要在纸上追溯着一个个的线索思考计算的话，总可以抽丝剥茧慢慢解开这个谜题的。

大家如果还没有尽兴，可以来试着解一下接下来的练习问题，全部都是关于进位的训练。覆面算正是因为有这样的进位存在，才能够仅根据这么一点线索就确定答案的。

在本小节的最后，附上了我亲手创作的问题，大家敬请一试。

覆面算——练习问题

暖场

$$\begin{array}{r} \text{ア} \\ +\ \text{イ} \\ \hline \text{アウ} \end{array} \qquad \begin{array}{r} PQ \\ Q \\ \hline QP \end{array} \qquad \begin{array}{r} SS \\ +\ S \\ \hline ABC \end{array}$$

↓ 答

$$\begin{array}{r} 1 \\ +\ 9 \\ \hline 10 \end{array} \qquad \begin{array}{r} 89 \\ +\ 9 \\ \hline 98 \end{array} \qquad \begin{array}{r} 99 \\ +\ 9 \\ \hline 108 \end{array}$$

第二

$$\begin{array}{r} \text{アイ} \\ +\ \text{ア} \\ \hline \text{イウウ} \end{array} \qquad \begin{array}{r} AB \\ +\ A \\ \hline CDC \end{array} \qquad \begin{array}{r} YZ \\ +\ Z \\ \hline WXX \end{array}$$

→ 答案在下页

压轴

$$\begin{array}{r} \text{ほうゆう} \\ +\ \text{さいはて} \\ \hline \text{さいゆうき} \end{array}$$

→ 答案在下页

上页的答案

```
  アイ          AB          YZ
+   ア       +   A       +   Z
イウウ         CDC         WXX
   ↓           ↓           ↓
  9 1 答      9 2 答      9 5 答
+   9       +   9       +   5
1 0 0       1 0 1       1 0 0
```

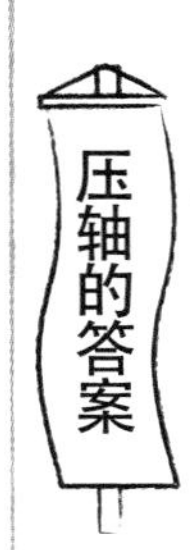


```
  ほうゆう
+ さいはて
さいゆうき
```

```
  9 5 6 5 答
+ 1 0 8 7
1 0 6 5 2
```

05 覆面算的乘除法计算

看到这里，大家应该已经对覆面算的加法很熟悉了吧。那么接下来，就来看看乘法和除法的覆面算吧。

虽然乍一看好像很难，但是实际动笔操作一下就会发现，其实并没有想象的那么难。

请大家一定要挑战一下。

覆面算乘法运算的基本练习

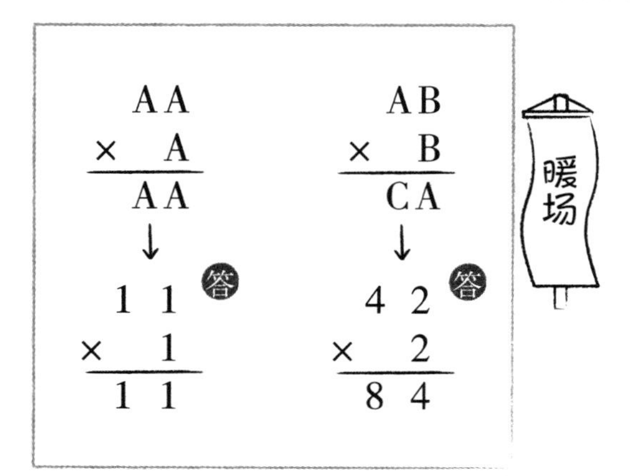

压轴

$$\begin{array}{r} AB \\ \times \quad A \\ \hline CCC \end{array} \qquad \begin{array}{r} AB \\ \times \quad AB \\ \hline ACC \end{array}$$

→ 答案在下方

答案

答

$$\begin{array}{r} AB \\ \times \quad A \\ \hline CCC \end{array} \rightarrow \begin{array}{r} 3\ 7 \\ \times \quad 3 \\ \hline 1\ 1\ 1 \end{array}$$

答

$$\begin{array}{r} AB \\ \times \quad AB \\ \hline ACC \end{array} \rightarrow \begin{array}{r} 1\ 2 \\ \times \quad 1\ 2 \\ \hline 1\ 4\ 4 \end{array}$$

挑战覆面算的乘法和除法！

除法

```
            きうき
あき）えをかかき
      えかき
        いいか
        いえく
          えかき
          えかき
               0
```

乘法

```
      きます
×       ます
      います
    ますと
    かきます
```

"ま"和"す"出现的次数之多也是一种线索。

答案请参照本书末尾

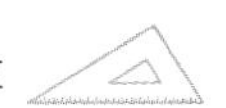

虫蚀算要如何解答

挑战“反循环数”

$$\mathrm{ABCD} \times 4 = \mathrm{DCBA}$$

答案请参照本书末尾

◆来思考一下“反循环数”吧

上述的问题被称作“反循环数”问题。一般人们说的循环数，就是“在对该数做乘法运算的过程中，该数的数字顺序不会发生改变的数”。比如说，将 $\frac{1}{7}$ 写成小数的形式是“0.1428571428…”这样的无限循环小数。而如果将其中的“142857”乘以 3，即可得到“428571”。这个数便是从“142857”这个数的第 2 个数字“4”开始循环的一个循环数。从这个角度来看“ABCD × 4 = DCBA”进行了乘法运算后，数字顺序变得完全相反，所以称之为反循环数也无可厚非吧。

其实这也是覆面算的一种，“DCBA”只是因为是将“ABCD”这个文字（数字）的顺序反过来了，所以才以这种形式代称。接下来，希望大家可以自己尝试着解答一下。

乘以 4 之后还是四位数，所以说 A=1 或者 A=2。假设 A=1，那么将 ABCD 这个数字乘以 4 以后末尾为“1”，这是不成立的。因为得出来的数必定会是偶数，所以 A 只可能为 2。这样一想的话，范围就小多了，解答也变得非常容易了。

◆解答虫蚀算需要从“知道的地方”突破

在覆面算中，“不同的文字对应不同的数字”这个先决条件非常重要。对于不知道的数字，其间的关系也不得而知。顾名思义，就如同是被虫蚀过一般，所以被人们称作虫蚀算。过去的大福账账本经常容易被虫所蛀，虫蛀掉的地方难以辨认，人们就会根据其周围的数字来加以类推，这就是“虫蚀算”这个名字的由来。

接下来，大家就一起试着来练习一下虫蚀算的几个具有代表性的问题吧。如果想要一次性解开，有可能会受挫哦。所以，

先把乍一看就能够推测出来的地方填进去吧。

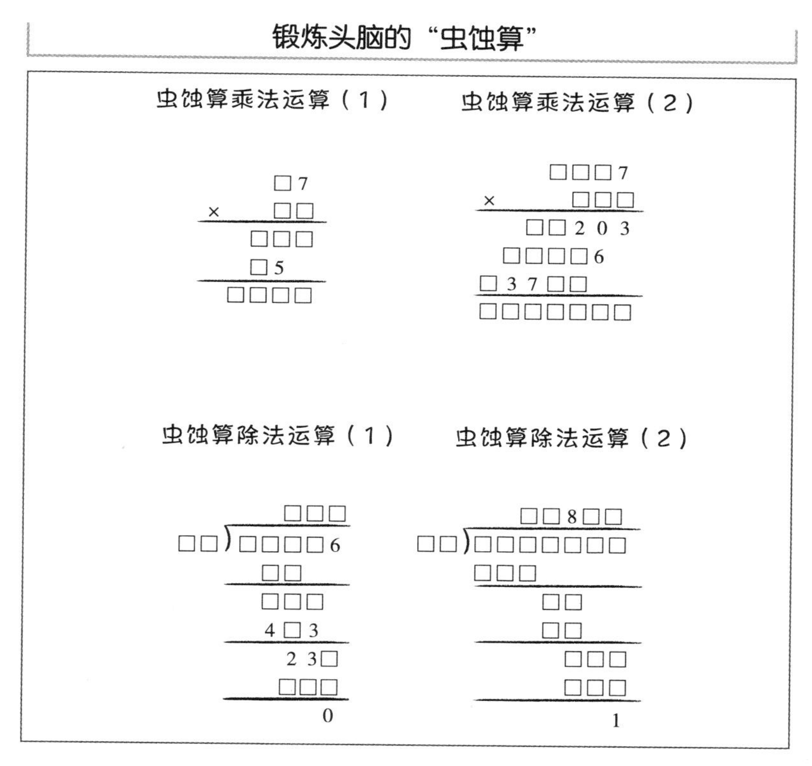

答案请参照本书末尾

在这里就以除法运算（1）的问题举例说明一下：可以看到下方有一行显示的是“23 □”。而根据上面的信息可以得知 6 是会原封不动地移动下来的，所以这个□里应该填数字 6。其次，这一行的 236 减去下面一行的“□□□”最后为 0，所以可以推出“□□□ =236”。

到目前为止都是一些非常简单的推导，但只要像这样一点点找到可以推测出来的部分，就可以逐渐迈向正确答案。

如此一来，解答过程便如抽丝剥茧一般了。然而，并非所有的问题都会行云流水般顺畅的。

还需要解题人花费足够的精力、努力和耐心，再加上一分大胆的推测，结合此起彼伏的线索，有时候一直解不开的地方可能瞬间就柳暗花明了，这便是虫蚀算的乐趣所在。如今社会很流行“数独”这个益智游戏，但未曾想虫蚀算其实竟像是数独的祖先呢。

除法运算（2）最终余数为 1 的意思即未能被整除，所以需要特别注意了。但是，商的数值里数字 8 的前后都为 0，所以可以立马推测出除数（左边的 2 位数）的十位为 1，只要以此为突破口来解答就好了。

在本小节的最后，就来给大家看一下被称作“虫蚀算之王”的“7 个 7”和“费曼问题”吧。“7 个 7”是 1906 年一个名为 W·贝韦克的数学家发布的问题，基本可以认为这就是艺术性虫蚀算的始祖了。

此外，与这个问题不相上下的一个难题，就是由费曼提出来的这个问题。在这里就不给任何提示了，本书的末尾也只会

告诉大家一个答案，希望对自己有自信的人一定要试着挑战一下。每一个问题都是家喻户晓的难题中的难题。

虫蚀算的难题——“7个7”

```
                  □□7□□
□□□□7□ )□□7□□□□□□□□
         □□□□□□□
         □□□□□□7□
         □□□□□□□□
           □7□□□□
           □7□□□□
           □□□□□□□□
           □□□□□7□□
              □□□□□□□
              □□□□□□□
                    0
```

虫蚀覆面算的难题——“费曼问题”

```
          □□A□
□A□)□□□□A□□
     □□AA
      □□□A
       □□A
       □□□□
       □A□□
        □□□□
        □□□□
           0
```

答案请参照本书末尾

第 6 章

使用逻辑思维来解决问题

01 过河难题——初级入门

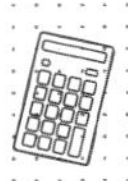

◆被放入皇太子学习内容中的“过河”问题

数学里有一个叫作“过河问题”的难题。这个问题的前身是“狼、山羊和卷心菜的过河”。公元8世纪，担任法兰克加洛林王朝国王查理曼（查理大帝）顾问的修道士阿尔库因，就曾经把这个问题编写到了皇太子的教育教材中。

初级问题1

有一个父亲带着两个孩子来到了河边想要过河，此时面前却只有一艘小船。由于船特别小，所以有重量限制：一次只能载一个大人或者两个小孩。请问他们要如何坐船才能全员到达对岸呢？

首先就用这个最基础的入门题目来热一下身吧。虽说这种问题有一些“隐形条件”（比如说“小孩一个人也能划船”之类的），但是不要去钻这个牛角尖。正确答案如下所示：

①小孩两人先划船过河去对岸

②小孩一人再划船回原来的岸边

③大人一人划船过河去对岸

④对岸的小孩再一人划船回原来的岸边

⑤小孩两人划船过河来对岸

要以什么方法才能过河呢

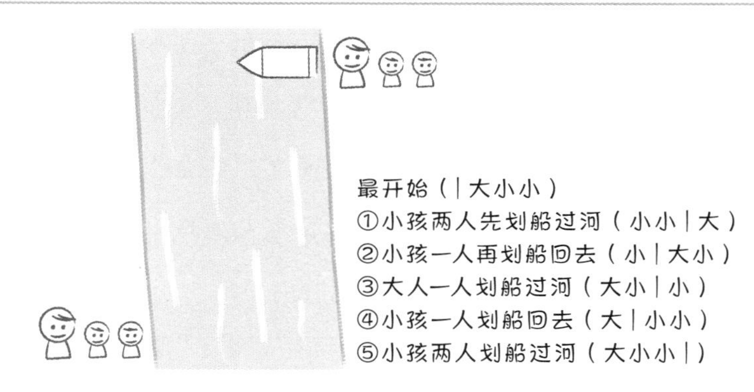

答案就是这样了，接下来就来具体分析一下吧。如下所示，在过河过程中有可能出现的情况（“|”代表的是将河分为原来的岸边和对岸）：

（大小小|），（大小|小），（大|小小），（小小|大），（小|大小），（|大小小）

这样就可以将问题转化为想要把（大小小|）的状态变为（|大小小）的状态，那么就只需要按照如下做法即可：

（大小小|）→（大|小小）→（大小|小）→（小|大小）→（小小|大）→（|大小小）

过河问题的变形

初级问题2

一个人过河带着一只狼、一只山羊和一筐卷心菜。只有人能撑船，船小到只能容下他和狼、山羊或者一筐卷心菜的其中一样。一旦人不在，狼会吃羊，羊会吃卷心菜。不过狼不会吃卷心菜。那么，请问这个人怎样才能安全地将这三样东西带过河呢？

同样形式的变形问题还有诸如“农夫、狐狸、大鹅和一袋豆子的过河”，思考方式也是一样的。与之前的问题一样，我们先来把人、狼、山羊、卷心菜以“人、狼、羊、菜”的简略形式来表示，所以只需要把（人狼羊菜|）变为（|人狼羊菜）即可。

在此过程中有可能出现的情况一共有 $16=2^4$ 种，但是由于不能出现（人狼|羊菜），（人菜|狼羊），（羊菜|人狼），

（狼羊 | 人菜），（狼羊菜 | 人），（人 | 狼羊菜）这 6 种情况，所以有可能的情况仅剩下 10 种。

因为两种东西能够相安无事待在一起的只有“狼菜”这个组合，所以方法如下所示：

（人狼羊菜 | ）→（狼菜 | 人羊）→（人狼菜 | 羊）→（狼 | 人羊菜）→（人羊狼 | 菜）→（羊 | 人狼菜）→（人羊 | 狼菜）→（ | 人狼羊菜）

还有另一种方法：

（人狼羊菜 | ）→（狼菜 | 人羊）→（人狼菜 | 羊）→（菜 | 人狼羊）→（人羊菜 | 狼）→（羊 | 人狼菜）→（人羊 | 狼菜）→（ | 人狼羊菜）

这样，再加上（菜 | 人狼羊）和（人羊菜 | 狼）这两种组合就是所有可能的 10 种组合了，所以应该不会再有其他的办法了吧。虽说可能看起来会很烦琐，但其实将这些有可能的组合全部写出来会比较有利于思考，至少这样可以帮助你在思考的时候不会重复考虑到之前的状态，可以少走不少弯路呢。

必须要将狼和山羊，山羊和卷心菜分开

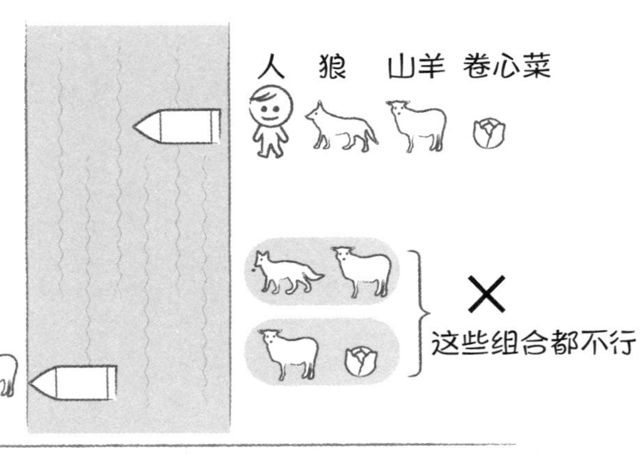

最开始（|人 狼 羊 菜）	最开始（|人 狼 羊 菜）
①人带着山羊划船到对岸 （人 羊|狼 菜）	①人带着山羊划船到对岸 （人 羊|狼 菜）
②人独自划船回到原处 （羊|人 狼 菜）	②人独自划船回到原处 （羊|人 狼 菜）
③人带着卷心菜划船到对岸 （人 羊 菜|狼）	③人带着狼划船到对岸 （人 狼 羊|菜）
④人带着山羊划船回原处 （菜|人 狼 羊）	④人带着山羊划船回原处 （狼|人 羊 菜）
⑤人带着狼划船到对岸 （人 狼 菜|羊）	⑤人带着卷心菜划船到对岸 （人 狼 菜|羊）
⑥人独自划船回到原处 （狼 菜|人 羊）	⑥人独自划船回到原处 （狼 菜|人 羊）
⑦人带着山羊划船到对岸 （人 狼 羊 菜|）	⑦人带着山羊划船到对岸 （人 狼 羊 菜|）

02 过河难题——冲击进阶

塔尔塔利亚的过河问题

接下来的这个“过河问题”，是因解三次方程而出名的意大利数学家塔尔塔利亚（1499—1557）提出来的。

进阶问题

有三位嫉妒心很强的丈夫分别要带着自己的妻子过河，但是现在眼前只有一艘能够装下两个人的船。于是他们就做了一个约定：无论是在两岸，还是在船上，除非有丈夫在妻子旁边，不然妻子一定不能与其他两位异性待在一起。请问他们应该如何过河？

还是照旧先把这三组夫妇区分为“A 男、A 女”“B 男、B 女”“C 男、C 女”吧。规则是禁止出现像仅“A 男与 C 女”两人划船到对岸，或者是仅“A 女和 B 男”两人划船到对岸这样一种有点难为情的条件。

为了不让嫉妒心极强的丈夫们担心，应该怎么办呢

喂!

B男

B小姐

A男 B女

这种方式可不行!

A男 A女 B男 B女

c男 c女

左岸	行动	A男	A女	B男	B女	C男	C女
①A女 B女	A女和B女划船去对岸 ←	A男		B男		C男	C女
②A女	B女独自划船返回 →	A男		B男	B女	C男	C女
③A女 B女 C女	B女和C女划船去对岸 ←	A男		B男		C男	
④A女 B女	C女独自划船返回 →	A男		B男		C男	C女
⑤A男 A女 B男 B女	A男和B男划船去对岸 ←					C男	C女
⑥A男 A女	B男和B女划船返回 →			B男	B女	C男	C女
⑦A男 A女 B男 C男	B男和C男划船去对岸 ←				B女		C女
⑧A男 B男 C男	A女独自划船返回 →		A女		B女		C女
⑨A男 B男 B女 C男 C女	B女和C女划船去对岸 ←		A女				
⑩A男 B男 B女 C男	C女独自划船返回 →		A女				C女
⑪A男 A女 B男 B女 C男 C女	A女和C女划船去对岸 ←						

除此解法以外，比如说第⑩步也可以不用 C 女划船返回而让 A 男划船返回。

精通“1+1=2”这种程序已经确定了的问题的计算机，在面对这种没有固定程序问题的时候会如何处理？从这种意义上来看，过河问题也算是一种“人工智能的问题”。虽说日常人们可能只是把这当作一种益智游戏来看待，但其实这类问题还被应用到了人工智能领域的研究哦。所以不管是什么事情，只要打破砂锅问到底，都会是一门很深的学问吧。

03 无论真话还是假话都没关系的高超提问技巧

想要去真话村的提问技巧

问题

在世界的某个角落，有假话村和真话村两个村子。此时，一直沿着一条大道走着的旅人眼前刚好出现了一个分岔口，分岔口处站着一个男人，不知道他是哪个村子的村民。而不管是假话村还是真话村的村民，他们都很沉默寡言，仅会回答“是”或“不是”。他们之间唯一不同的是：假话村的村民只会说假话；真话村的村民只会说真话。现在只允许旅人提一个问题。那么请问，想要成功到达真话村，需要如何提问呢？

虽说这是一个很常见的问题，但是如果不好好思考其中的逻辑关系，就会很容易搞错。在这里，如果提一个普通的问题是没办法得到想要的答案的。不论是提问还是对于回答的分析

都需要好好思考。

正确答案是：指着一条路问这个村民："请问去你们村子是不是走这条路呀？"

想要去真话村应该如何提问呢？

提的问题不能是"请问真话村怎么走啊"，而应该是"请问这条路是不是去你们村子的"才行。

接下来就一起来思考一下为什么正确答案是这个吧。假如，手指指向的方向是真话村，那么如果这个村民是真话村的村民，他应该会回答"是"；反之，如果这个村民是假话村的村民，那么因为指的并不是他的村子，所以他应该会说假话来回答说"是"。

假如，手指指向的方向是假话村，情况又会怎么样呢？如果村民是真话村的村民，那么他会说真话，回答“不是”；如果村民是假话村的村民，因为指的正是他的村子，所以他会说假话回答“不是”。综上所述，如果村民的回答是“是”，那么选择手指指向的那条路即可；如果村民的回答是“不是”，那么选择手指指向的相反的那条路即可。

◆ 对付喜欢恶作剧的人要怎么办

那么，再来稍微变一个更现实一点的设定吧。假设此时，你在山里迷了路，想要找人问一问从山里回村子的路。而你不知道站在分岔路口的这个村民是会故意说谎的人还是说真话的人。那么，请问你该如何提问呢？

这种情况，则需要提一个稍微复杂的问题了：用手指向一个方向，然后问他：“如果我问你‘这条路是回村子的路吗？’，你会回答‘是’，是吗？”

假如，你手指的正是回村子的路，那么如果这个人是说真话的人，他就会回答你“是”；如果这个人是说假话的人，他为了说谎想要回答你“不是”，所以他也会说“是”。假如，你手指的并非回村子的路，那么说真话的人则会回答你“不是”，

说假话的人为了说谎，则会选择相反的答案“不是”。

不管是哪种回答，重要的是根据回答者的情况不同，提问的时候要学会反其道而行之。

04 五花八门的悖论

自相矛盾的克里特人

在上一小节，我们利用说假话的人“只会说假话”这个设定，成功地辨别出了说真话和说假话的人。这一种模式还算是非常简单的。

比较难的是，不知道对方到底是不是说谎的人。人类从古代开始就十分烦恼于人们说谎这件事。《新约圣书》中就记载了关于说谎的故事。

“某预言家（克里特人）如是说道：

“‘所有克里特人都是说谎者。他们是猛兽，是懒惰的贪吃者。’”

“这个事情是千真万确的，所以一定要小心戒备他们死守自己的信仰，不要被这些违背了犹太人真理的家伙们给迷惑了心智。”

说这段话的克里特人是一位叫作伊壁孟德的哲学家，也是

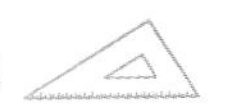

“克里特人说，克里特人都是说谎者”这个悖论的原型。还有类似“大卫王说‘所有的人类都是说谎者’”这样的悖论。

他们的说法都是自相矛盾的，当然此处不考虑大卫王觉得自身是超越人类存在的这种可能性。这种悖论就与“在某张纸上写道‘这段文字有误’”是类似的，甚至可以说正是为了想要证明这些悖论，或者说想要辩证这些悖论，才萌生了现代的逻辑学。类似这样的悖论还有很多，在这里就为大家介绍几个简单的跟数学有关的悖论。

【沙堆悖论】

如果我们从沙堆中拿走一颗沙粒，那么沙堆并不会有什么变化。然而，沙堆里的沙粒也是有限的，如果我们一次拿走一颗沙粒，那么当我们取得只剩下一颗沙粒，它还能被称作是沙堆吗?

【秃子悖论】

头上一根头发都没有的人，我们称为秃子；头上有一根头发的人，我们也称之为秃子；以此类推，无论是谁，头上的头发都是有限的，那么所有人都是秃子了。

沙堆需要有多少沙粒，才能被称为“沙堆”呢？

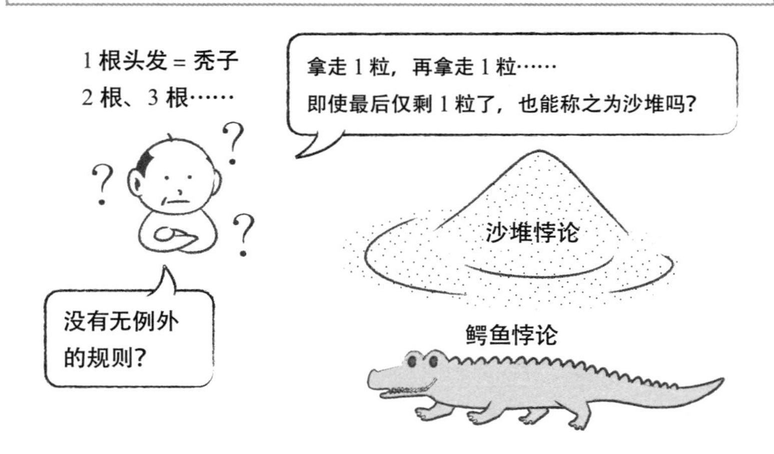

“沙堆悖论”中提到的沙堆，并非像沙漠、沙丘那般大规模的，而是像那种街边公园或者幼儿园里摆放的小沙堆，所以即使沙粒有很多，但数量也是有限的。

人类的毛发，最多也就 10 万多根，虽说很多，但其实数量也有限。小堆沙粒的堆积与沙堆之间的界限并非十分清晰，人的头发也是如此。头发丝很细，所以即使有 100 多根头发肯定也会被人感觉是秃子吧。因为从有多少根头发开始就不算秃了，其中的定义十分模糊。

【没有无例外的规则】

“没有无例外的规则”这个规则有没有例外呢？

前文提到的这些悖论都被称为自我指涉的谎言悖论，意思是自我主体与其所论述的一件事情或者事物等有着直接的关系，就像“说谎的克里特人”和“这张纸上写的是谎言”等一样，是在一个范畴内的。可能从中也可以看出，想要客观地论述自己是一件多么难的事情吧。

【鳄鱼悖论】

有一天，一条食人鳄鱼从一位母亲的手中抢走了她的孩子，并对这位母亲说：“你猜一猜我接下来要干什么，如果你答对了，我就不吃你的孩子；如果你答错了，我就要吃掉你的孩子。”这个聪明的母亲琢磨片刻回答道：“鳄鱼先生，我想你接下来要吃掉我的孩子。”请问鳄鱼应该怎么办呢？

如果鳄鱼吃掉了那个孩子，那么就证明母亲猜对了鳄鱼想要做的事情，所以就不能吃那个孩子；如果鳄鱼不吃那个孩子，那就证明母亲猜错了，所以可以吃那个孩子，但只要鳄鱼吃掉那个孩子的瞬间，母亲就又变为猜对了。所以，鳄鱼就陷入了一个进退两难的困境中。

然而，这并不代表着鳄鱼就不吃这个孩子了。鳄鱼只是陷入了既不能吃也不能不吃的困境中而已，也就是所谓的拖延时间。但是，能够从鳄鱼的口中争取到这么多时间，说不定这个孩子就有机会得救了。这是一个逻辑与现实之间反差的问题。

【理发师悖论】

有一个村子里只有一位理发师。这个理发师会给所有不给自己剃胡子的人剃胡子，而不会给其他的人剃胡子。那么请问，这位理发师自己的胡子是谁剃的呢？

在此处不考虑“其实理发师是位女性……”这样的牛角尖。根据题目的定义，如果理发师不给自己剃胡子的话，理发师就必须给自己剃胡子；而如果他给自己剃胡子的话，那么他就不能给自己剃胡子。

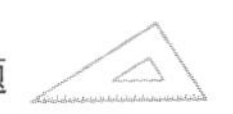

05 阿基里斯为何追不上乌龟呢

◆显然是错误的命题，却无法反驳

芝诺是公元前 5 世纪有名的古希腊哲学家，他提出的“阿基里斯和乌龟”问题家喻户晓。他是埃利亚学派创始人巴门尼德的学生。

他的老师巴门尼德耗费了毕生心血改变了古希腊哲学的形式，确立了从相信“感性”到相信“理性”的一种转变，并提出了仅有理性、不生不灭的“有”的世界，以及仅有感性、生生不息的世界的二重构造。而他也从根本上否定了从“有”到“无”，从“无”到“有”的变化。

芝诺为了辩护、完善他老师的论点，提出了“运动的不可分性”的哲学悖论作为自己的论据。

◆二分法——在有限的时间里无法通过无限个点

现在假设有 A、B 两个地点。为了从 A 点移动到 B 点，那么就必须要先到达 AB 两点中点的 B_1 点；而为了到达 B_1 点，则必须要先到达 AB_1 两点（距离为 AB 之间距离的一半）中点的 B_2 点；为了到达 B_2 点，则必须先到达 B_3 点，以此类推，无穷无尽……

按照这种想法来思考的话，想要从 A 点到 B 点，期间必须要通过“无限个点”，然而在有限的时间里面，是不可能通过无限个点的。

类似这种无限的点和有限的时间的悖论有很多……

假设你想从 A 点走到 B 点，但是因为 A~B 之间有无限个点，所以你在有限的时间里永远都无法到达 B 点吗？

假设阿基里斯从 A 点出发，乌龟从 B 点出发，那么阿基里斯永远都无法追上乌龟吗？

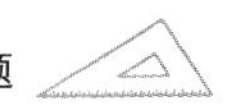

◆阿基里斯与乌龟——明明跑得更快，为何却追不上呢?

一提到阿基里斯，大家肯定都知道他是以实力强悍和跑步速度快闻名的古希腊英雄。在历史上有一个关于他的悖论，内容是这样的：某天，他与乌龟开始了一场赛跑。因为让他们在同一个起跑线会很不公平，所以阿基里斯的起跑线设置在了乌龟的后面。那么，只要阿基里斯的起跑线在乌龟后面一点点，他就永远无法追上乌龟。

原因就是，当阿基里斯到达乌龟的起跑地点 B 点时，乌龟在这段时间内已经往前跑了一段距离假设是 C 点；而当阿基里斯再度到达 C 点的时候，乌龟已经跑到了前面的 D 点；无论阿基里斯何时到乌龟所在的前一个地点，乌龟都会利用这一段时间再往前前进一点。如此一来，阿基里斯就永远无法追上乌龟了……

虽说亚里士多德也曾说过“那么，即使是世上跑得最慢的东西，世界上跑得最快的东西也绝对追不上吧”这样的话，但如果不是阿基里斯和乌龟赛跑的这个设定，那么大家肯定不会关注这个问题如此之久吧。

有限和无限——虽说是 2000 多年前的悖论，但即使是如今，听到了也会惊愕地说：“咦？”

第 7 章

选出“最好最快的方法”

01 用少量的砝码能够测量的重量是多少

问题

假设有15个产品，重量分别为1克到15克。如果现在想用天平和4个砝码来测量其重量。请问需要什么重量的砝码才可以办到呢?

当今的人们测量重量的工具,不论是体重计还是厨房用秤，大多都是电子的。然而，过去的人们普遍用的都是天平。其实即使是如今，想要精密测量重量，大多用的也是天平。测量方法是分别把想要测量的物体和砝码放到天平的两端，调整其平衡来测量。

那么，经常会出现在数学领域里的砝码问题，就是“想要尽可能使用少的砝码，来测量尽可能多的物体”。如此看来，上述的问题可以算是基础问题了。

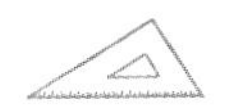

◆天平两端都放砝码的情况

使用天平来称产品的重量时，只需使用“1 克，2 克，4 克，8 克”的这 4 个砝码，就可以称量 1~15 克的所有物品。如果再加上一个 16 克的砝码，就可以称量重量是 31 克以内的产品。

以此可以类推出，想要称量重量是 63 克以内的东西，只要再加上一个 32 克的砝码即可。那这到底是什么原理呢?

1，2，4，8，16 这些砝码的数字，均为 2 的累乘，所以可以用以下形式表示出来（括号后面的小“2”表示的是二进制的数字）。

$1=(1)_2$　$2=(10)_2$　$4=2^2=(100)_2$

$8=(1000)_2$　$16=(10000)_2$

现在大家已经知道了，只要拥有“1 克，2 克，4 克，8 克”这 4 种砝码即可称量 15 克以内的东西；拥有“1 克，2 克，4 克，8 克，16 克”这 5 种砝码即可称量到 31 克以内的东西。比如，称量 13 克的东西则 13=1+4+8，所以只需要使用“1 克，4 克，8 克”这三种砝码来称量；称量 31 克的东西则 31=1+2+4+8+16，所以需要使用全部的砝码来称量。在计算机内部使用的二进制计算也是同样的原理。

使用“1克，2克，4克，8克”的砝码能够测量15克以内物体的原因

产品重量	砝码			
	8克	4克	2克	1克
1				○
2			○	
3			○	○
4		○		
5		○		○
6		○	○	
7		○	○	○
8	○			
9	○			○
10	○		○	
11	○		○	○
12	○	○		
13	○	○		○
14	○	○	○	
15	○	○	○	○

与二进制相同

二进制的表示			
$8=2^3$	$4=2^2$	$2=2^1$	$1=2^0$
○	○	○	1
○	○	1	○
○	○	1	1
○	1	○	○
○	1	○	1
○	1	1	○
○	1	1	1
1	○	○	○
1	○	○	1
1	○	1	○
1	○	1	1
1	1	○	○
1	1	○	1
1	1	1	○
1	1	1	1

◆砝码和产品一起放置的情况

人们在用天平进行称量时，一般都是一边的盘子放产品，另一边的盘子放砝码。但是还有一种将产品和砝码一起放置的

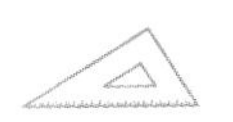

方法。那么，这种情况下，如何用尽可能少的砝码来称量尽可能重、数量尽可能多的物品呢？因为想要推测是非常困难的，所以就直接告诉大家答案：只需准备好“1 克，3 克，9 克，27 克，81 克，243 克”的砝码即可，也就是人们常说的三进制。

只需要使用“1 克，3 克，9 克，27 克”这 4 种砝码即可称量 1~40 克的产品重量。如果加上一个 81 克的砝码，那么即可称量重量为 121 克以内的所有产品。如果在这基础上再加一个 243 克的砝码，即可称量重量为 364 克以内的所有产品。

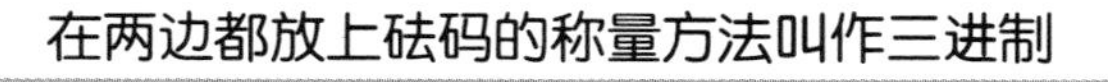

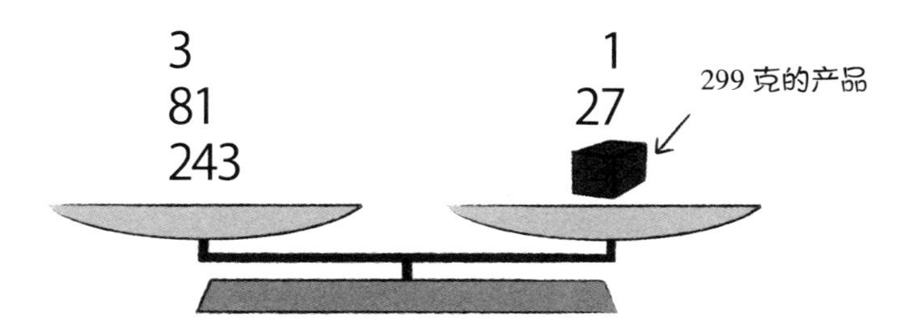

比如说，如果现在想用这 6 个砝码来称量重量为 299 克的产品，那么只需如上图所示放置其中 5 个砝码即可。

如果仅有加法的话，那么使用二进制的方法会十分有效；而如果是天平两端都可以放砝码的情况，那么使用三进制的方法，效率会更高。如果将三进制的表示方法设定为 $(\ )_3$ 的话，那么就可以用下列方式来表示：

$1=(1)_3$　　$3=(10)_3$　　$9=(100)_3$

$27=(1000)_3$　　$81=(10000)_3$

使用 6 个砝码则应该是 3^6，说明使用三进制可以称量重量为 $364=(111111)_3$ 克以内的物品。

顺便说一下，在三进制当中表示 299 这个数字的方法是：

$299=(102002)_3=243+81+3-27-1$

与上图砝码的摆放方法是相同的。

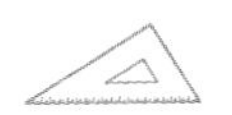

02 快速分辨出假金币

◆得知假金币“更重”的情况

问题

假设现在手边的 18 枚金币中，有 1 枚是假金币，且这枚假金币比真金币要重。那么，请问如何使用天平在三次以内找出这枚假金币呢？

如果不知道假金币到底是更重还是更轻，问题就会变得更加复杂，所以我们先从相对来说比较简单的一类问题入手，小试牛刀。然后再来看一看得知假金币“是重还是轻”的前提下的几个类型的问题，最后再来冲击“不知是重还是轻”的进阶问题吧。

具体的称量方法是：将等量的金币分别放到天平两边，如果天平保持平衡，就说明这些金币都是真金币；而如果天平不平衡，就说明肯定有一边有假金币，但是却不知道到底是哪一枚。

◆从 18 枚金币当中找出那 1 枚

那么，接下来就仔细研究问题本身吧。18 枚金币中，只有 1 枚是“较重”的假金币。

第一次称量——首先，从这 18 枚金币中以 6 枚一组取出两组（合计 12 枚）分别放到天平两端称量。如果此时天平保持平衡了，那么就说明假金币在剩下的那 6 枚中；如果天平不平衡，那么就说明假金币在较重一端的那 6 枚中。不论是哪种情况，都可以找到假金币所在的那组。

第二次称量——将假金币所在的那组 6 枚金币均分为 3 枚分别放到天平两端称量。那么肯定会有一端比较重，所以假金币肯定就在较重的那一端。

第三次称量——从假金币所在的那组 3 枚金币中取出 2 枚分别放到天平两端称量。如果此时天平保持平衡，那么就说明未被称量的那枚金币是假金币；如果此时天平不平衡，那么较重的那一端放的是假金币。

如此一来，只需三次称量即可找出假金币。

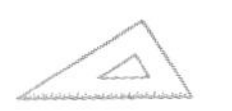

除此之外，还有很多其他的方法。比如第二次称量时，天平两端不放 3 枚而是分别放 2 枚来称量。

找出较重假金币的方法

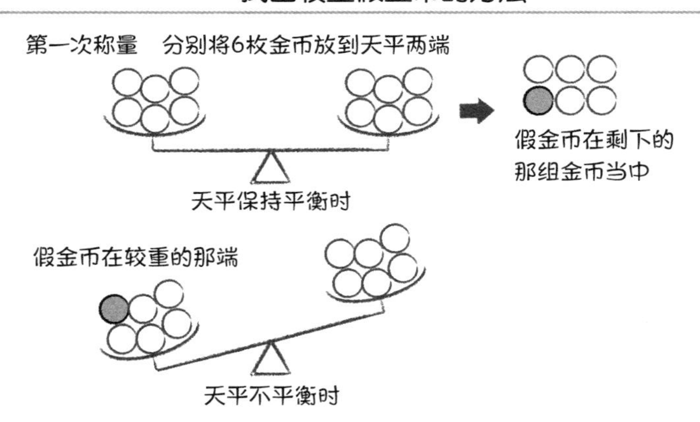

第二次称量　分别将3枚金币放到天平两端

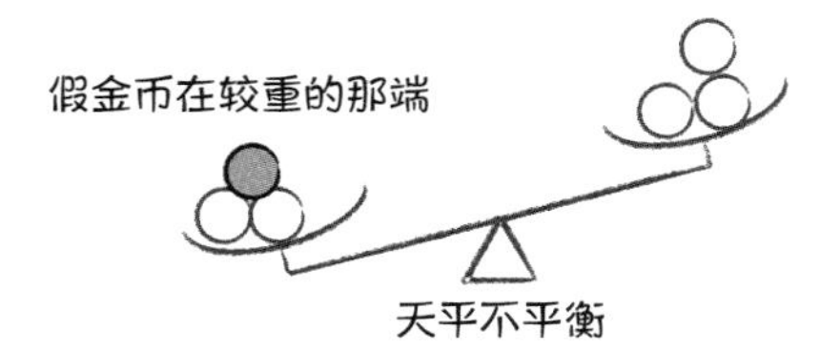

第三次称量　分别将1枚金币放到天平两端

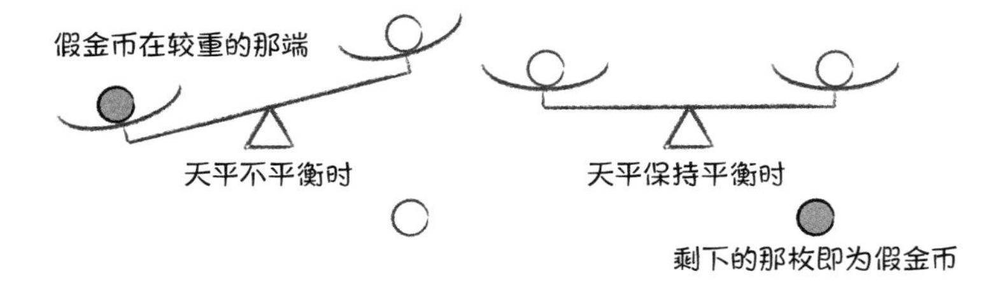

如果此时天平保持平衡，那么就说明假金币是剩下的2枚金币中的其中1枚。

如果第二次称量时天平不平衡，那么就说明假金币在较重一端（2枚）中，所以只需再称量第三次即可。不论是使用哪种方法，第三次称量时都可以找出那枚假金币。

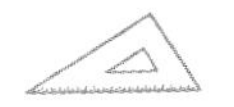

03 分辨假金币——当知道是较重还是较轻时

◆ 一次找出假金币

这一小节同样再来考虑一下事先知道假金币是“较重”（或者“较轻”）类型的问题吧。虽说这种类型在分辨假金币问题中属于比较简单的，但是最基本的就是最重要的。特别是在分辨假金币问题中，还能够学习并掌握“独立思考能力”。

问题1

假设现在手边的 3 枚金币中，有 1 枚是假金币，且这枚假金币比真金币要重。那么，请使用天平称量一次就找出这枚假金币。

如果事先就得知假金币到底是“较重”还是“较轻”，那么使用天平称量一次最多可以从 3 枚金币中分辨出假金币。

接下来就给这些金币编上号来说明一下吧。如果是将①和②放到天平上称量，那么将会出现以下三种情况：①和②重量相等，即

①＝②；①这端较重，即①＞②；①这端较轻，即①＜②。

而因为上述的问题提到仅有 3 枚金币，且这枚假金币比真金币要重。所以立即就可得出，当①＝②时，③为假金币；当①＞②时，①为假金币；当①＜②时，②为假金币。

◆从 9 枚金币中称量两次找出假金币

其实，如果知道假金币到底是较重还是较轻（这两种方法都相同，所以此处假设较重），使用天平进行三次称量最多可以从 27 枚金币中分辨出来。为了更好地向大家说明这个思考方式，在此之前，请大家先来看一下问题 2。使用天平称量两次时，最多可从 9 枚金币中分辨出假金币。这道题，也并不简单。

问题2

假设现在手边的 9 枚金币中，有 1 枚是假金币，且这枚假金币比真金币要重。那么，请使用天平称量两次就找出这枚假金币。

这个时候，如果还是像刚才“以 4 枚为一组分成两组……”就错了。

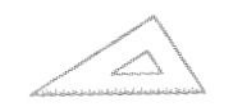

此时的正确做法应该分为①~③，④~⑥，⑦~⑨这三组，首先来称量一下①~③和④~⑥这两组。

当①~③ = ④~⑥时，那么就说明假金币在⑦~⑨这一组当中，根据问题 1 的方法，再称量一次即可从那 3 枚金币中找出假金币。因为在上述问题 1 中，只要得知假金币“较重”这个前提条件，那么大家就已经知道，从 3 枚金币中找出假金币只需要使用天平称量一次。

同样地，当①~③＜④~⑥时，那就说明假金币在较重的④~⑥这一组中；反之当①~③＞④~⑥时，就说明假金币在较重的①~③这一组中。不论是哪种情况，根据问题 1 的解答方法可以得知，再称量一次即可找出假金币。

◆从 27 枚金币中称量三次找出假金币

问题3

假设现在手边的 27 枚金币中，有 1 枚是假金币，且这枚假金币比真金币要重。那么，请使用天平称量三次就找出这枚假金币。

这个问题同样也事先知道假金币“较重”。虽说金币的数量一下激增至27枚，但是解题思路还是一样的，先将这么多金币分为9枚一组的三组（①～⑨，⑩～⑱，⑲～㉗）。先来称量比较一下①～⑨和⑩～⑱这两组。

当①～⑨＝⑩～⑱时，那么就说明假金币在⑲～㉗这一组中，根据问题2（从9枚金币中找出1枚假金币需要称量两次）可以得知，再称量两次即可找出假金币；当①～⑨>⑩～⑱时，说明假金币在①～⑨这一组中；反之当①～⑨<⑩～⑱时，说明假金币在⑩～⑱这一组中，根据问题2的解答方法可以得知，再称量两次即可找出假金币。

如此这般，只要能够事先知道假金币到底是“较重还是较轻”，就能够比较简单地分辨。然而，比如说找出9枚金币中的1枚假金币需要称量两次，可如果将9枚换成4枚，也同样必须要称量两次。不论怎么努力也不可能一次就能找出来。仅称量一次就能够找出来的，仅限3枚金币；④～⑨枚金币需要称量两次；⑩～㉗枚金币则需要称量三次。如此类推，超过28枚的情况则需要称量四次，最多可以从81枚金币中找出假金币。方法当然也是一样，一开始先按照每组27枚分成三组后，再取出其中两组来称量比较。

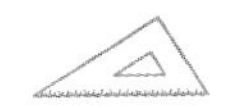

04 分辨假金币——进阶问题

◆不知道假金币到底是较重还是较轻

如果事先不知道假金币到底比真金币重还是轻，那么这个问题就会变得极其复杂了。先来思考一下3枚金币的情况吧。如果第一次称量时，正好① = ②，那么仅用了一次就知道了。而如果当①＜②或者①＞②时，为了找出假金币则必须再与③做一次比较。所以，即使金币只有3枚，也需要称量两次，并且即使找出了假金币，也有可能还是不知道它到底是比真金币重还是轻。

问题1

假设现在手边的4枚金币中，有1枚是假金币，且不知道这枚假金币比真金币重还是轻。那么，请使用天平称量两次就找出这枚假金币。

因为一共有 4 枚金币，所以只能先来比较一下①和②了。

即使使用之前的方法来比较有多枚金币的①②和③④，因为并不知道假金币到底是重还是轻，所以没有任何意义。

如果① = ②，就说明①和②都是真金币，那就接着用真金币①来和③做比较。

如果① = ③，就说明④是假金币（只是，无法判断④比真金币重还是轻）。

如果①＜③或者①＞③，就说明③是假金币。而且还可以得知，①＞③的情况，假金币比真金币轻；①＜③的情况，假金币比真金币重。

如果①＜②，就说明剩下的③和④都是真金币，接下来只要将①和③比较一下就能得出答案：

当① = ③时，②为较重的假金币；

当①＜③时，①为较轻的假金币；

当①＞③时，①为较重的假金币。

由此可见，如果事先并不知道假金币到底是较重还是较轻，那么即使只有 4 枚金币，也必须要考虑这么多种情况。

当不知道假金币“较重还是较轻”时

第一次称量

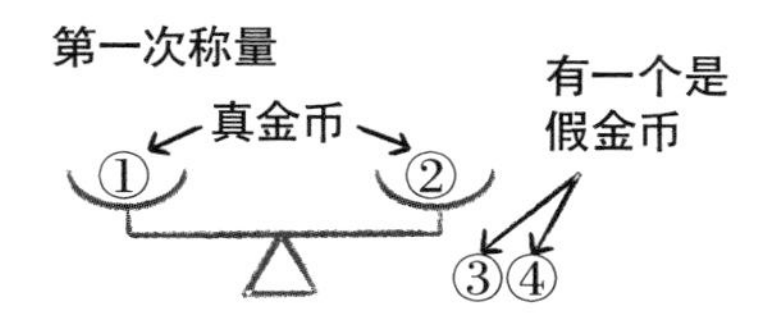

第二次称量

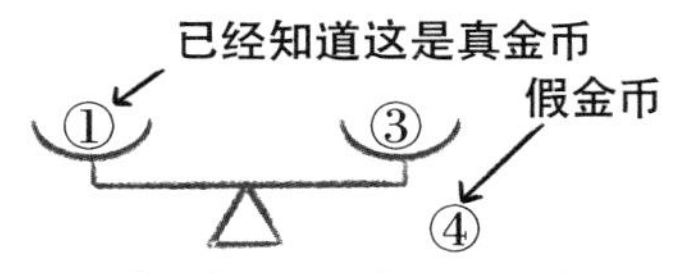

如果①≠③，那么③就是假金币

第一次称量

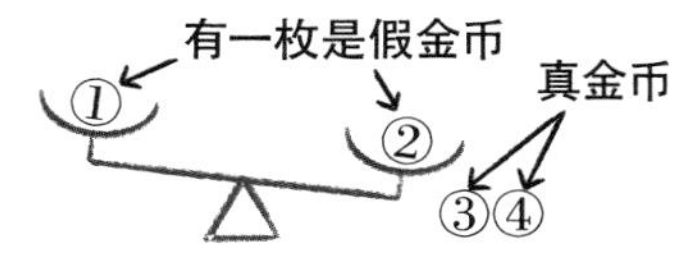

第二次称量

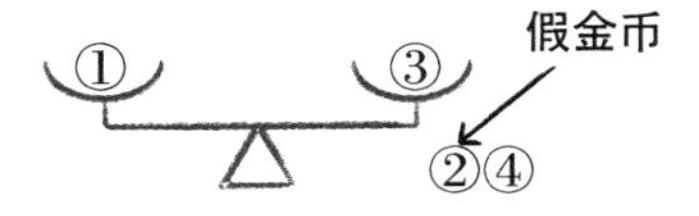

如果①≠③，那么①就是假金币

问题2

假设现在手边的12枚金币中，有1枚是假金币，且不知道这枚假金币比真金币重还是轻。那么，请使用天平称量三次就找出这枚假金币，并且请判断假金币比真金币重还是轻。

首先，来比较一下①~④和⑤~⑧这两组。当①~④=⑤~⑧时，说明假金币在⑨~⑫这组金币中。那么根据问题1的方法可以得知再称量两次即可找出假金币，然而却无法判断假金币到底比真金币重还是轻。所以我们换一个思路，往其中放入一枚已经确定是真的金币来将⑧，⑨与⑩，⑪做比较。

当⑧⑨=⑩⑪时（请参照下一页的A情况），则可确定⑫是假金币。再将⑧与⑫做比较来确定⑫的轻重。

当⑧⑨＜⑩⑪时（请参照下一页的B情况），则将⑩与⑪做比较。若⑩=⑪，则⑨是假金币且比真金币轻；若⑩＜⑪，则⑪是假金币且比真金币重；若⑩＞⑪，则⑩是假金币且比真金币重。

当⑧⑨＞⑩⑪时（请参照下一页的C情况），则将⑩与⑪做比较。若⑩=⑪，则⑨是假金币且比真金币重；若⑩＜⑪，则⑩是假金币且比真金币轻；若⑩＞⑪，则⑪是假金币且比真金币轻。

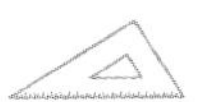

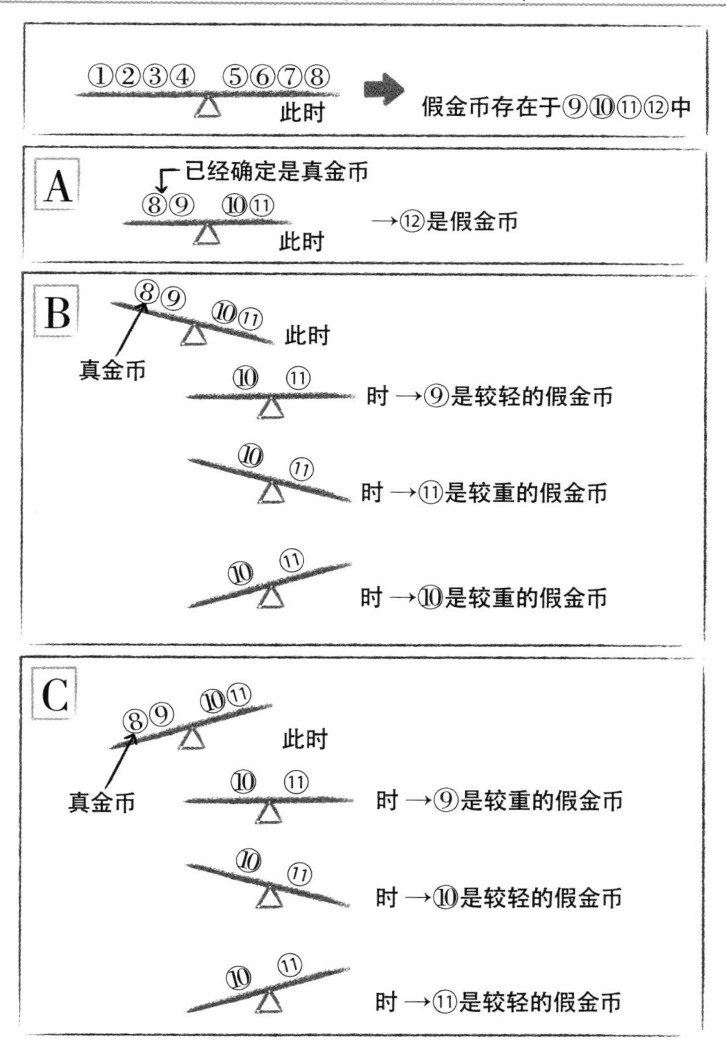

那么，现在的问题是，如果第一次称量时，①~④＜⑤~⑧，

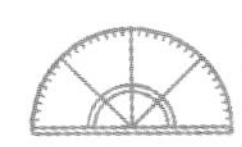

或者①～④＞⑤～⑧时该怎么办，这说明假金币肯定在这 8 枚金币里。其实这两种情况的思考方式也是一样的，所以这里就假设现在是①～④＜⑤～⑧这种情况。

首先，来比较一下①②⑤和③④⑥。当①②⑤ = ③④⑥时（请参照第 202 页的 A 情况），说明⑦⑧这两枚金币中重的那一枚就是假金币。此时再来比较一下①和⑦，若① = ⑦，则⑧是较重的假金币；若①＜⑦，则⑦是较重的假金币；而绝不可能会出现①＞⑦这个结果。

当①②⑤＜③④⑥时（请参照下一页的 B 情况），说明假金币在①②⑥当中。原因就是，⑤从“较重的天平盘移动到了较轻的天平盘”中，而③④从“较轻的天平盘移动到了较重的天平盘”中，但是天平的重量关系却并没有发生改变。也就是说，假金币是“没有被移动的①②⑥”这 3 枚金币其中的一枚。所以，接下来就来比较一下①和②。若① = ②，则 6 是较重的假金币；若①＜②或①＞②，则轻的那一枚是假金币。其中的理由就是，最初使用天平称量的时候得到了①～④＜⑤～⑧这个结果，而只要假金币是①～④当中的任意一枚，那么这枚假金币的重量就肯定比真金币要轻。所以说可以确定的是，若①＜②，则①是较轻的假金币；若①＞②，则②是较轻的假金币。

当①②⑤＞③④⑥时（请参照下一页的 C 情况），这个结果与第一次称量的①～④＜⑤～⑧的这个结果完全相反。

从12枚金币当中找出1枚假金币②

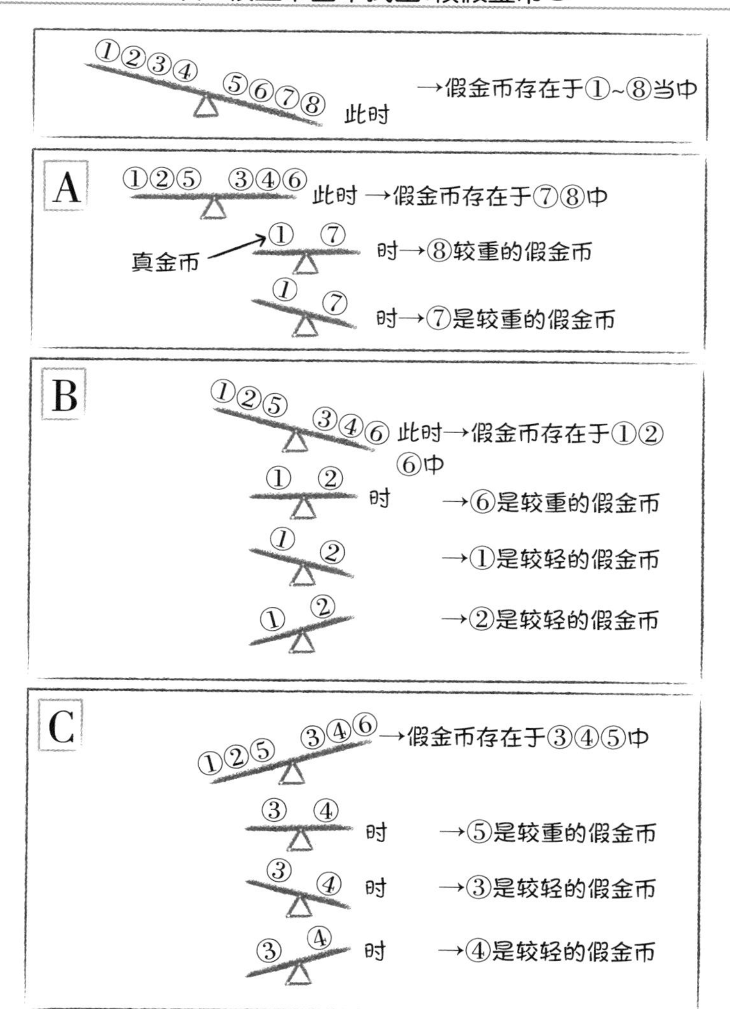

也就是说，从“较重的天平盘移动到了较轻的天平盘”或者从“较轻的天平盘移动到了较重的天平盘”中的金币中有一枚肯定是假金币，所以可以推断出假金币在③～⑤中。再来比较一下③和④。若③ = ④，则⑤是较重的假金币；若③＜④或③＞④，则轻的那一枚是假金币。其中的理由就是，最初使用天平称量的时候得到了①～④＜⑤～⑧这个结果，而只要假金币是①～④中的任意一枚，那么这枚假金币的重量就肯定比真金币要轻。可以确定的是，若③＜④，则③是较轻的假金币；若③＞④，则④是较轻的假金币。

第8章

如果改变视角，那么路径也会改变

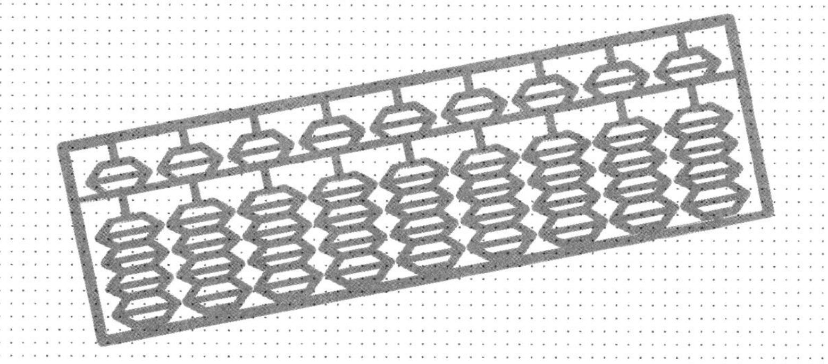

01 使用“自行车”来求圆周率

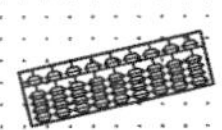

◆阿基米德的割圆法

如今的人们，对于圆周率 π 应该都很熟悉了：数值为 3.14159265358979…的无限不循环小数。它甚至还有一个名字叫作超越数，它就是这样一个特别的数。圆周率，顾名思义是“圆的周长与直径的比值”的意思，这个值于公元前就已经被阿基米德求出来是 3.14 了。彼时他使用的方法，就是“割圆法”。

这个方法的原理就是：一个圆，肯定会处于自己的内接正六边形和外切正六边形之间。那么，它们的周长理所当然会有下列这种关系：

内接正六边形 < 圆 < 外切正六边形

求圆周长的公式(2 × π × 圆的半径)，当圆的直径为1时，周长的数值则刚好等于圆周率，所以只需求出这两个正六边形

周长的平均值，而如果将正六边形→正十二边形→正二十四边形→正四十八边形→正九十六边形如此增加下去，那么两边所内接、外切的图形应该会逐渐趋近于圆。

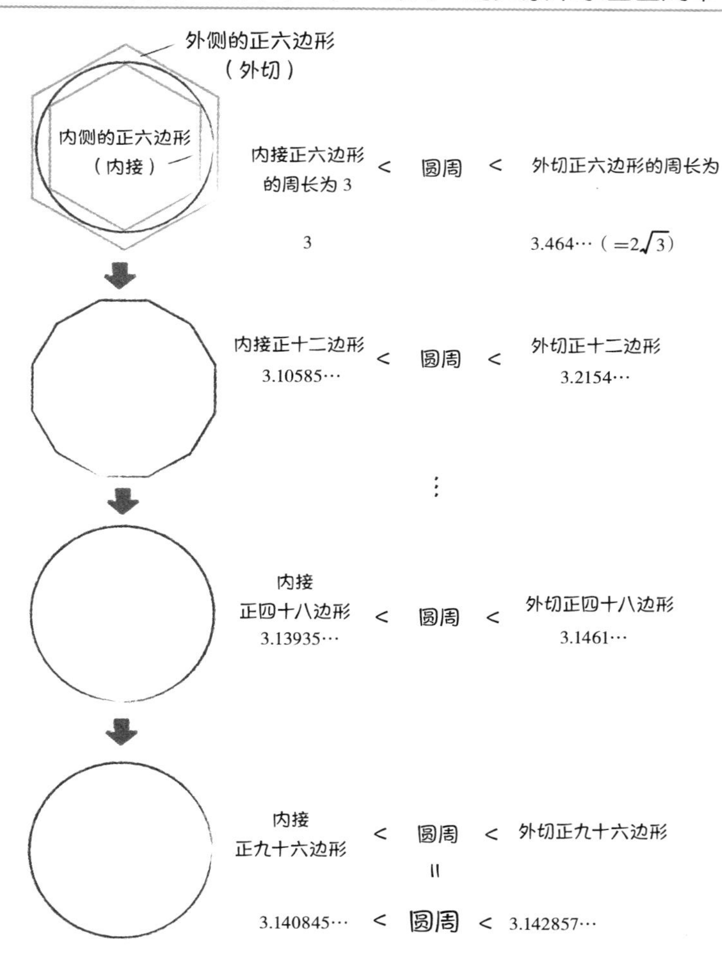

阿基米德就是通过这种方法，求出了

3.140845…<圆周< 3.142857…

将圆周率确定为二者之间的“3.14”。虽说这个方法十分出色，但是计算起来也是异常烦琐，所以我们来想想其他的办法求一下圆周率吧。

◆使用自行车来求圆周率

如果想要使用日常生活中经常使用的东西来求圆周率的话，那么可以使用自行车：在自行车轮胎的某一点做上记号，然后使其移动一圈，再测量距离。此时，“移动距离 ÷ 轮胎直径”（周长 ÷ 直径）即为圆周率。如果使用这种方法，即使只有一个人，也基本能够很正确地测出圆周率。当然，由于是测量而不是计算，所以误差肯定是不可避免的，但是你也可以跟别人炫耀这是专属于你自己的圆周率哦。

如果想要更加精确地测量，那么只要将测量距离从一圈扩大到 10 圈左右，应该就能够减小误差了。如果扩大到 20 圈，误差可能就会更小了。使用这种方法，只需要注意保持自行车是笔直前进即可，比起阿基米德那庞大的计算量来说，简直就

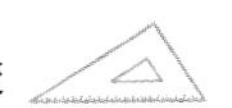

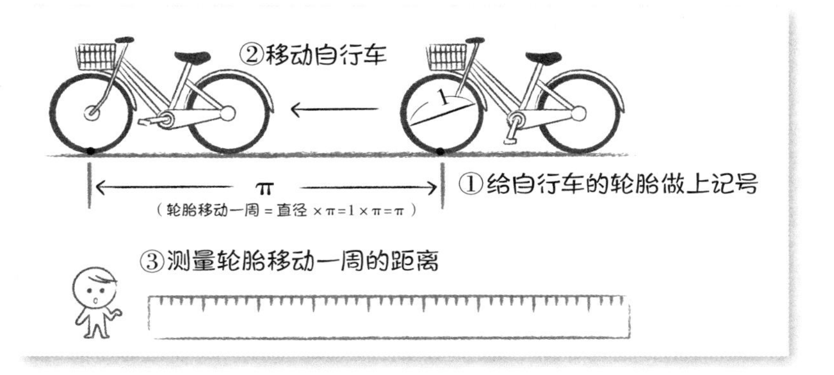

是轻而易举呢。

同样的，还有通过测量茶叶罐的直径（a）和其周长（P）后，通过周长 ÷ 直径来计算的这种方法。这种方法也可以很轻

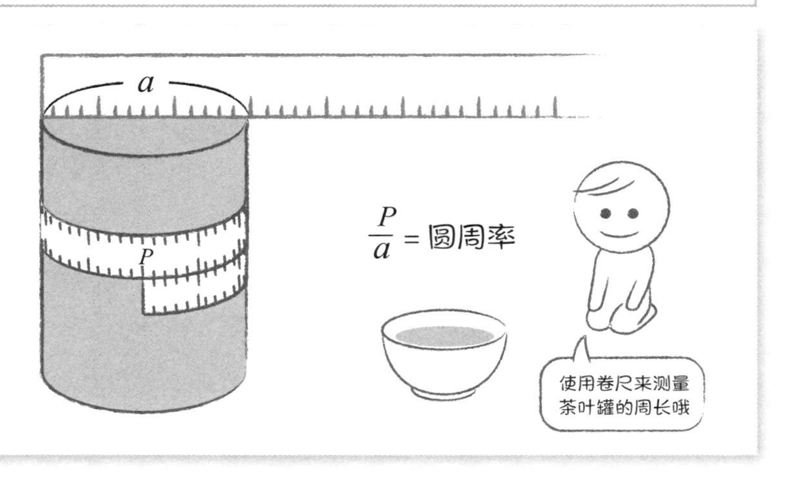

易地得到接近圆周率的数值。而且如果使用茶叶罐的话，都不用出门去推自行车了。所以不论是什么东西，只要它是圆形的，并且直径和周长是较容易测量的，都可以用来求圆周率。

02 使用方格纸来求圆周率

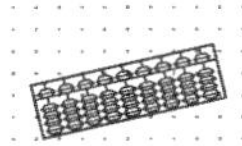

◆利用方格纸的方格小块来接近圆周率

残缺的方格按照1小块=0.5小块来计算

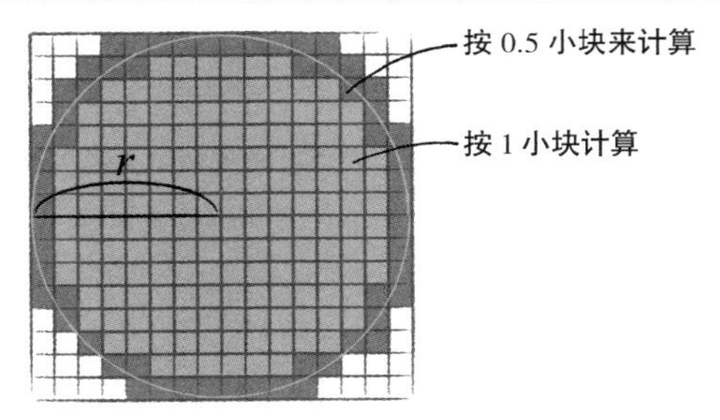

正方形：圆 $=4r^2$：πr^2 ←用于计算的方格小块越小，误差也越小。

这里就为大家介绍一下与上一小节不同的测量圆周率的方法吧。首先需要准备一张方格纸，如上图所示用圆规在上面画一个圆。

假设正方形的方格纸一边有 16 个小方格，那么说明这张纸一共有 256 个小方格。在这个基础上面，再来数一数：

①完全被包含在圆内的小方格部分。

②一部分被包在圆内的小方格部分。

可以得到结果：①有 164 个小方格；②有 57 个小方格。而属于②的小方格，有的有一大部分在圆内，有的只有一小部分在圆内，所以在这里就取平均，把它考虑成 1 小块按照 0.5 小块来计算吧。

因为一共有 57 个小方格，所以一半就是 28.5 个小方格。那么，①和②加起来一共就是 192.5 个小方格。

如此一来，就可以通过面积求出圆周率了。

现在假设正方形的边长为 2（也就是说圆的半径为 1），那么，正方形和圆的面积比就是：

正方形：圆 =4 ： π

而因为正方形一共有256个小方格，所以1个小方格的面积就是 $\frac{1}{256}$。刚才数了一共有192.5个小方格，所以换算成面积就是：

192.5 小方格 ÷256=0.75195…≈ 0.752

那么，这就是“圆的面积部分”的近似值了。再代入刚才的式子中可以得到：

正方形：圆 =4 ： π =4 ： 0.752

即可计算出 π：

$\pi = 4 \times 0.752 = 3.008$

可以说，求出来的这个数值已经相当接近了吧。而且，这张纸上的小方格越小，得到的值也会越接近 π 的真实值。

03 将哥尼斯堡难题简化

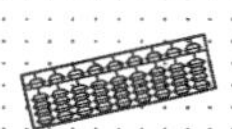

◆欧拉的“转化思想”

在当今的世界地图中，已经找不到哥尼斯堡这样一个城市了。那曾经是德国东普鲁士的一部分，在那里诞生出了诸如康德、哥德巴赫和希尔伯特等著名数学家，是盛产数学家的文化摇篮。在第二次世界大战以后被苏联所占领，后改名为加里宁格勒。现在它与波兰和波罗的海三国接壤，是隶属俄罗斯的一块飞地。

1736 年左右，数学家欧拉收到了来自住在哥尼斯堡友人的一封信。上面写道：

一条流经哥尼斯堡的名为普雷格尔河上面架了 7 座桥，我想要每座桥仅走一遍来渡河却怎么也办不到。请问你有什么好办法吗？

“一笔画”完哥尼斯堡的7座桥

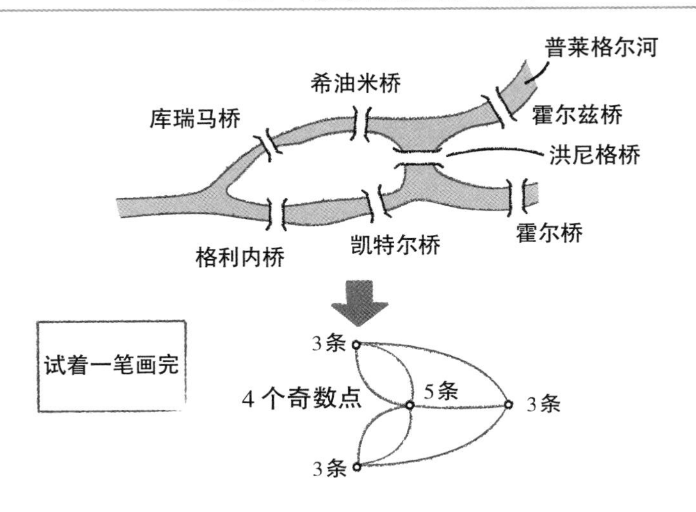

欧拉立即觉得此问题与“一笔画”问题是同一性质的问题。在一笔画问题中，除了“起点、终点”以外，所有的点都是“途经点”。而因为此途经点是“有进必有出”，所以一定会有偶数条线经过（偶数点）。

相对的，从起点出发到终点，也有可能出现无法返回的情况，也就是碰到奇数点。而一笔画问题的充要条件就是，除了此两点以外没有任何奇数点，所以奇数点的最大值就为“2”。

然而，根据上图可以得知，这个图形里面的奇数点有 4 个，所以欧拉就斩钉截铁地断定“无法达成一笔画 = 无法每座桥仅走一遍就渡河”。

接下来大家就一起来挑战一下一笔画问题吧。不是所有的图形都能够满足一笔画的条件哦。

这个图形能否一笔画成呢?

答案请参照本书末尾

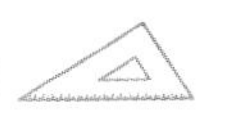

蜘蛛能捉住蚊子吗

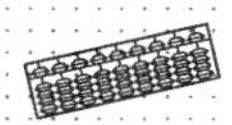

◆路线不仅仅是一条

假设现在有一个房间，这个房间的底面是 4m × 10m 的长方形，侧面是边长 4m 的正方形。在这个房间的侧面正方形墙壁上，有一只蚊子在如下页图所示的位置。正对面的那个正方形墙壁上，则有一只蜘蛛在如图所示的位置。

请问，蜘蛛想要以最短的路线捕捉到蚊子应该怎么办？如果蜘蛛先沿着墙面笔直往上爬行 $\frac{1}{3}$ m，然后沿着天花板一直爬到蚊子处，那么距离刚好是 14m（请参照下页展开图①）。在这里又试了另一种路线（展开图②），但是很明显要大于 14m。请问大家，蜘蛛想要捕捉到蚊子，还有没有更快（更短）的路线呢？

提示：请大家活用“展开图”来思考。

以下两种路线，蚊子都会跑掉——还有没有更短的路线？

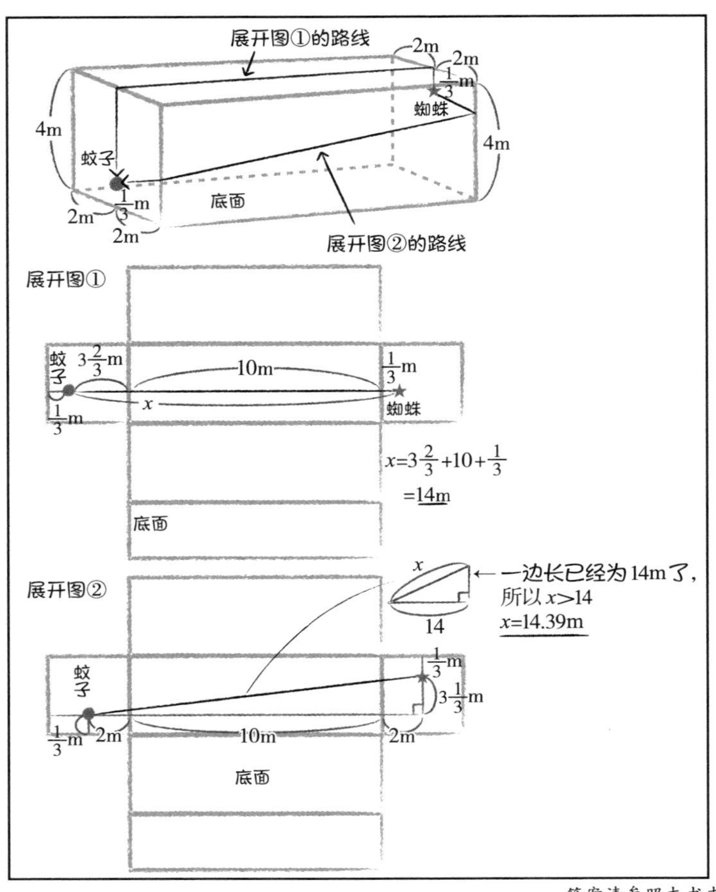

答案请参照本书末尾

05 要买几个蛋糕才够呢

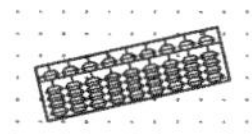

问题

现在为了举办聚会，所以买了 A、B、C 三种蛋糕共 25 个来做准备，且此时不知道 A~C 各种蛋糕的具体数量。原本预定有 9 位客人，一开始给所有人都分一个同种类的蛋糕，剩下的蛋糕由客人自取。但是临时又增加了 2 位客人，所以现在需要准备的蛋糕也要稍作调整。那么请问，最少需要买多少个蛋糕呢？

现在来整理一下这个问题：客人从 9 人增至 11 人，所以不论是 A~C 里的哪一种，只要有一种蛋糕的数量能够到达 11 个就可以了。明明知道有 A~C 三个种类的蛋糕，但却不知道每种的数量这个设定确实是有点勉强。如果是在现实当中，只需要打开盒子确认一下数量就好了。而且如果买的蛋糕数量是 25 个，说不定不需要追加购买，本身就有一种蛋糕超过了 11 个呢。

将同一种蛋糕分给11人，最少需要再买几个？

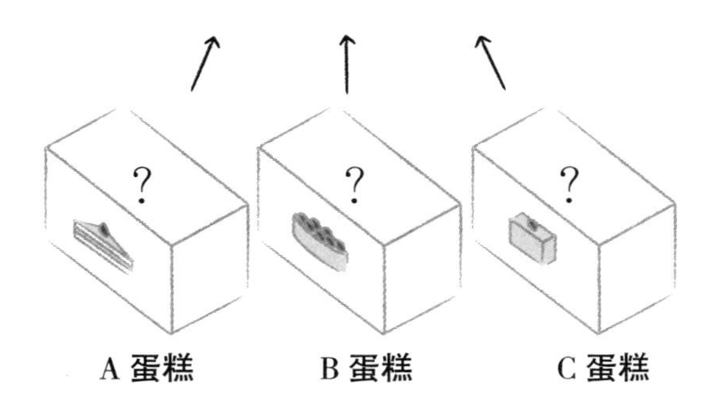

A+B+C=25 个

但是这个问题的重点不在这里。因为现在一共有 25 个蛋糕，所以这三种蛋糕里面肯定有一种蛋糕超过了 9 个。因为如果 A~C 这三种蛋糕全都在 8 个以下的话，蛋糕的总数肯定比 3 × 8=24 个要少了。

所以，即使这 25 个蛋糕是随便买的，其中一个种类的蛋糕的数量肯定也超过 9 个了，毕竟当时是为了至少每个人都能分到一个才买的吧。

也就是说，虽然现在客人变成了 11 位，但是如果用相同的逻辑来思考的话，一共买 3 × 10+1=31 个蛋糕就好了。而因为已经买了 25 个，所以只需要追加购买 31－25=6 个，就能够满足 A~C 中至少有一种在 11 个以上这个条件。

卷末答案

4个4

第138~139页的答案

$11=\frac{44}{\sqrt{4\times4}}$

$12=4\times\left(4-\frac{4}{4}\right)=\frac{44+4}{4}$

$13=4+\frac{4-.4}{.4}$　　※“.4”代表0.4

$14=4\times4-\frac{4}{\sqrt{4}}=4\times(4-.4)-.4$

$15=4\times4-\frac{4}{4}$

$16=4\times4+4-4=4\times4\times\frac{4}{4}$

$17=4\times4+\frac{4}{4}$

$18=4\times4+4-\sqrt{4}=\frac{44}{\sqrt{4}}-4$

$19=\frac{4+4-.4}{.4}$

$20=4\times\left(4+\frac{4}{4}\right)$

反循环数

第 152 页的答案

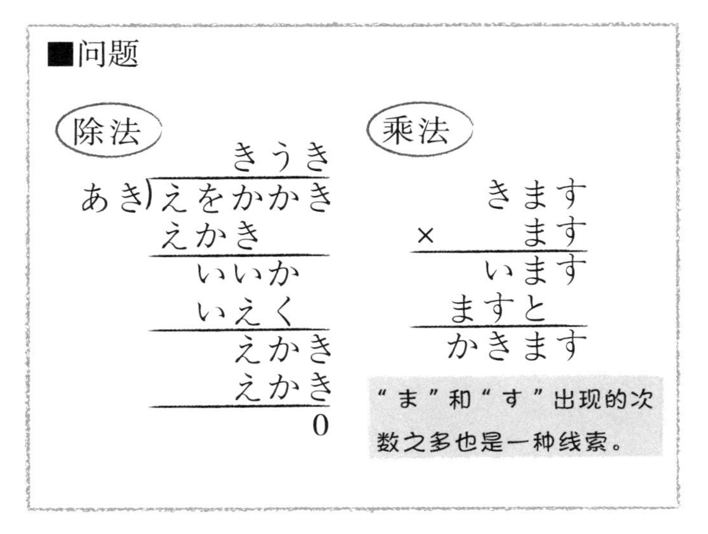

■解答

除法：

565
35) 19775
175
227
210
175
175
0

乘法：

125
× 25
625
250
3125

反循环数

第 153 页的答案

$$ABCD \times 4 = DCBA$$

在前文也提到了，上述反循环数是 4 位数乘以 4 得到了一个 4 位数，所以，可以推出 A=1 或者 A=2。

因为将“ABCD”乘以 4 之后得到的右边的数应该是偶数，所以 A=2。

因此可以写成 2BCD × 4=DCB2，所以可以推出 D=8 或 9。

而因为 4 × 8=32，4 × 9=36，所以可以断定 D=8。

这样代进去就能写成 2BC8 × 4=8CB2 这种形式了。

而从开头的 2 位数的关系中可以推出 2B × 4 ≤ 8C，所以可以知道 B=1。

原因就是如果 B ≥ 3，那么 3 × 4=12 就需要进位，与之前推出的数字相矛盾了，所以可以知道 B ≤ 2。

而又因为 A=2，所以 B 只能 =1 了。

再次代入以后，可以得到 21C8 × 4=8C12，接下来只需要将 C=3，5，6，7，8 代入计算，即可得到当 C=7 时等式成立。

所以答案是：

ABCD=2178。

2178 × 4=8712

满足了 ABCD × 4=DCBA。

虫蚀算

第155页的答案

虫蚀算乘法运算（1）

$$\begin{array}{r} \square 7 \\ \times \quad \square\square \\ \hline \square\square\square \\ \square 5 \\ \hline \square\square\square\square \end{array} \quad \Rightarrow \quad \begin{array}{r} 17 \\ \times \quad 59 \\ \hline 153 \\ 85 \\ \hline 1003 \end{array}$$

虫蚀算乘法运算（2）

$$\begin{array}{r} \square\square\square 7 \\ \times \quad \square\square\square \\ \hline \square\square 203 \\ \square\square\square\square 6 \\ \square 37\square\square \\ \hline \square\square\square\square\square\square\square \end{array} \quad \Rightarrow \quad \begin{array}{r} 5467 \\ \times \quad 889 \\ \hline 49203 \\ 43736 \\ 43736 \\ \hline 4860163 \end{array}$$

虫蚀算除法运算（1）

$$\begin{array}{r} \square\square\square \\ \square\square \overline{)\square\square\square\square 6} \\ \square\square \\ \hline \square\square\square \\ 4\square 3 \\ \hline 23\square \\ \square\square\square \\ \hline 0 \end{array} \quad \Rightarrow \quad \begin{array}{r} 174 \\ 59 \overline{)10266} \\ 59 \\ \hline 436 \\ 413 \\ \hline 236 \\ 236 \\ \hline 0 \end{array}$$

虫蚀算除法运算（2）

$$\begin{array}{r} \square\square 8\square\square \\ \square\square \overline{)\square\square\square\square\square\square\square} \\ \square\square\square \\ \hline \square\square \\ \square\square \\ \hline \square\square\square \\ \square\square\square \\ \hline 1 \end{array} \quad \Rightarrow \quad \begin{array}{r} 90809 \\ 12 \overline{)1089709} \\ 108 \\ \hline 97 \\ 96 \\ \hline 109 \\ 108 \\ \hline 1 \end{array}$$

虫蚀算的难题——“7个7”

第157页的答案

```
                      □□7□□
         ┌──────────────────
□□□□7□ ) □□7□□□□□□□□
         □□□□□□□
         ─────────────
         □□□□□□7□
         □□□□□□□□
         ─────────────
            □7□□□□□
            □7□□□□□
         ─────────────
            □□□□□□□□□
            □□□□□7□□
         ─────────────
               □□□□□□□□
               □□□□□□□□
         ─────────────
                      0
```

↓

```
                    58781
        ┌─────────────────
125473 )  7375428413
          627365
          ────────────
          1101778
          1003784
          ────────────
            979944
            878311
          ────────────
            1016331
            1003784
          ────────────
              125473
              125473
          ────────────
                   0
```

虫蚀覆面算的难题——“费曼问题”

第 157 页的答案

```
              □□A□
       ┌──────────
□A□    )□□□□A□□
        □□AA
       ──────────
         □□□A
          □□A
       ──────────
          □□□□
          □A□□
       ──────────
           □□□□
           □□□□
       ──────────
                0
```

```
              7289
       ┌──────────
484    )3527876
        3388
       ──────────
         1398
          968
       ──────────
          4307
          3872
       ──────────
           4356
           4356
       ──────────
                0
```

一笔画

第 214 页的答案

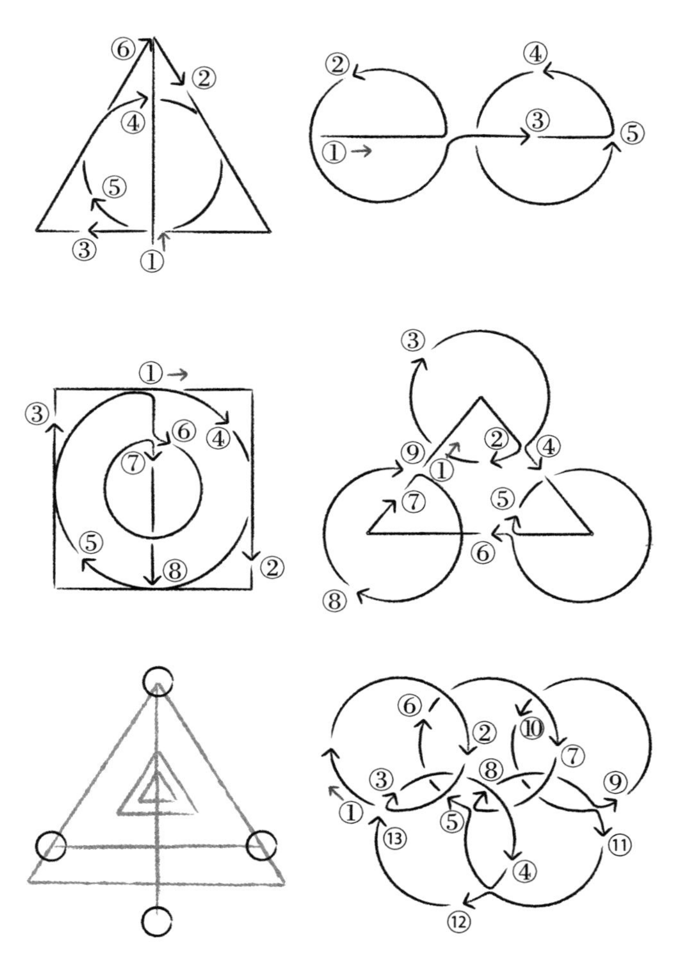

因为奇数点有 4 个
所以无法一笔画出

蜘蛛的最短路线

第 216 页的答案

展开图③

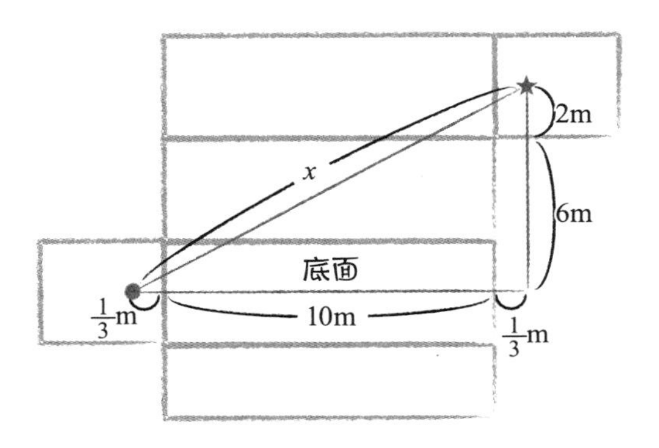

$$x^2=(10\frac{2}{3})^2+8^2$$
$$=\frac{1024}{9}+64$$
$$=\frac{1600}{9}=(\frac{40}{3})^2$$
$$\longrightarrow x=\frac{40}{3}=13.333\cdots$$

$\therefore x=13.333\text{m}$

题目中最后一个数字不是8，所以有人会觉得“怎么会”？请大家注意每个数字相加的总和。

9+9+7+2=27

4+5+2+7=18

3+9+1+8=21

3+6+2+1=12

所以，○ **=12**

（2+8+1+2=13）